杨东龙　主编

传播全球化智慧的汉译精品

你的思想，决定了你的气场；你的气场，让你的幸福飞扬

幸福的气场

The Aura of Happiness

詹姆斯·艾伦◎著　韩岩松◎译

一个心灵大师告诉你的幸福秘密

20世纪最伟大心灵导师
耗尽生命最后十年呕心沥血打造的力作

中国华侨出版社

图书在版编目(CIP)数据

　　幸福的气场／（英）詹姆斯·艾伦著；韩岩松译. —北京：中国华侨出版社，2011.8

　　ISBN 978-7-5113-1648-6

　　Ⅰ.①幸… Ⅱ.①詹… ②韩… Ⅲ.①幸福-通俗读物 Ⅳ.①B82-49

　　中国版本图书馆CIP数据核字(2011) 第156612号

● 幸福的气场

著　　者／（英）詹姆斯·艾伦

译　　者／韩岩松

责任编辑／文　锋

版式设计／詹湘波

经　　销／全国新华书店

开　　本／710×1000毫米　　1/16开　　印张/13.5　　字数/210千字

印　　刷／北京市昌平前进印刷厂

版　　次／2011年12月第1版　　2011年12月第1次印刷

书　　号／ISBN 978-7-5113-1648-6

定　　价／28.00元

中国华侨出版社　北京市朝阳区静安里26号通成达大厦3层　邮编：100028

法律顾问：陈鹰律师事务所

编辑部：（010）64443056　64443979

发行部：（010）64443051　传真：（010）64439708

网　址：www.oveaschin.com

e-mail：oveaschin@sina.com

谨以此书献给

所有追求自我幸福的人，

所有给予别人幸福的人，

所有渴望营造幸福气场的人。

20世纪最伟大的心灵导师

西方自我潜能开发的奠基者

被誉为"人生的第二部圣经"
詹姆斯·艾伦逝世100周年特别纪念版

I dreamed of writing books which would help men and women, whether rich or poor, learned or unlearned, worldly or unworldly to find within themselves the source of all success, all happiness, accomplishment, all truth. And the dream remained with me, and at last became substantial; and now I send forth these books into the world on a mission of healing and blessedness, knowing that they cannot fail to reach the homes and hearts of those who are waiting and ready to receive them.

—James Allen

我一直梦想着写一些书去帮助世上的男男女女，而不论他们是贫困还是富有，是博学还是无知，是老于世故还是涉世未深，帮助他们从自身寻找所有成功、所有幸福、所有成就以及所有真理的源泉。怀着这个梦想，我不停地努力，最终将梦想变成了现实。现在，我把我获知的全部付诸笔端，公诸于世，去完成使人康复和幸福的使命。我知道，它肯定会走向那些正在等待它和准备接受它的人们家中并进入到他们心灵的深处。

——詹姆斯·艾伦

气场的秘密

什么是气场？先别忙，先看看下面这个小故事。

  去年夏初的一个早上，我乘地铁上班。地铁上人非常多，如果你在北京上班高峰时坐过地铁，你一定会对那种拥挤和憋闷的感觉刻骨铭心——所有的人都像罐头里的沙丁鱼，黏乎乎地挤在一起。

  被人墙压榨了半个小时后，我终于拖着疲惫的双腿爬上了地面，呼吸到了没有汗味和香水味的空气。虽然没人挤我了，但还没上班呢，我就已经没有任何工作的心情了。

  我垂头丧气地向前走，穿过马路，走上便道，连路上的地砖都显得那么不顺眼。

  忽然间，我看到，迎面有个人走了过来。

  他一身简装，拎个公文包，走路轻快，满脸微笑，灿烂的晨光穿过楼宇间的空隙，照在他的脸上，把那笑容照得金灿灿的，

让那微笑显得分外迷人。

我禁不住停下脚步，看那个人从面前走过，他的轻松、自信像阳光一样照亮了我，仿佛所有烦恼的阴霾都被阳光一样的微笑驱散了，甚至，我有上去搭讪的冲动。

直到那个人消失在楼宇的那一边，我才回过神儿来。

"今天，我一定会有个好心情！"我对自己说。果然，那一天，没啥跟我拧着来的。

悟出点儿什么了吗？没悟出来也没关系，我们再看一个小故事。

我有个亲戚，总是很不自信，说话怯怯懦懦的，做事也常常没头没尾。我对他说，你走路的时候能抬起下巴的话，会好很多，如果能走得快一些会更好，如果能抬起下巴、挺起胸膛、健步如飞，你就会更好，这样就能在身体上暗示自己：老子天下第一！

我还给她做了示范，低头、弯腰、磨磨蹭蹭地走过她身边，然后再挺胸抬头、健步如飞地走过她身边。然后我问她，什么感觉？

"整个人都不一样！"她说："你第一次走时，我感觉你是个倒霉蛋，得离你远点儿；你第二次走时，我感觉你好像运气不错，如果认识你会沾光。"

如果你依然没有搞明白，那我再讲个明星的例子：

有一次，一位著名的喜剧演员参加一个娱乐节目。主持人给他出了个难题：您是知名的笑星，你能不说话就让观众笑出声儿来吗？

当时，他穿了件短袖衫，外面还套了件马甲，头上戴个礼帽。

他听了主持人的话，歪着头想了一两秒钟，然后突然摘掉了帽子，露出自己的锃光瓦亮的光头，低头向观众行了一个古代欧洲女性的下蹲礼——双腿交叉，下蹲，身体前倾，熠熠放光的光头向着观众低下，还摆出了一个用手提起裙子的姿势。

"哗……"现场立刻响起了热烈的掌声和笑声。

故事讲完了，相信你已经对气场有了模糊的认识。下面，我们来捅破这最后一层窗户纸。

所谓气场，就是你的外表、言行、表情、气质给别人的综合感受。这么说可能有点让人感到不明白，如果这样，你想一想商品的包装，那些包装精美的饼干总是让人第一个拿起，而那些包装简单的饼干却往往只能换来人们的白眼。

当然，人的气场不会像商品的包装那样只和面子有关，还和很多内在的因素有关，其中最为重要的是你的思想。打个比方来说，如果你认为自己是幸福的，那么你的气场就是充满快乐的；如果你认为自己是倒霉的，那么你的气场就是惨兮兮的。同样的，如果你充满爱心，那么你的气场就会暖意融融，如果你坚忍不拔，你的气场就能战胜一切困难。

从上面可以看出，气场和幸福是相关的，而且是密切相关。有一个幸福的气场，你就会有幸福的人生。因为，就像前面两个故事所表现出来

的，幸福的气场会吸纳所有幸福的力量向你靠拢，而你要做的，就只剩下接纳这些幸福了。

也许你要问，该如何拥有幸福的气场呢？其实，幸福的气场不必刻意去寻找，你找也找不到，因为，它就在你的身上，就在你自己的心里。之所以这么长时间以来都没发现，是因为你没有去发现去修炼。

幸福的气场不是创造出来的，也不是从什么地方得来的，也不是什么人给予的，而是你自己修炼出来的。幸福的气场，就在你心里，就在你的脑海里。只要你修正自己的言行，锻练自己的思维，你就会有幸福的气场，并因为幸福的气场，过上富足、成功的生活。

詹姆斯·艾伦，是20世纪最伟大的心灵导师，他所奠定的成功学的基础，深刻地影响了欧美的人们。欧美人正是通过詹姆斯·艾伦的著作，理解了幸福的气场，并不间断地修炼，才取得了为世人所瞩目的成绩。

你手里捧着的这本小书，集合了詹姆斯·艾伦的思想精华，是修炼幸福气场方法的精粹所在。研读它，使用它，修正自己的言行，修炼自己的思想，你就一定能获得幸福气场的帮助，从而过上富足、成功的生活。

本书虽然经过精心打造，但依然可能有疏漏之处，希望读者不吝指正。

最后，祝愿所有的读者，都能修炼出自己的幸福气场，过上幸福的生活！

The Aura of Happiness

滋养你的幸福

环顾身边的这个世界，我发现，它被悲伤的阴霾笼罩着，被痛苦的烈火炙烤着。

人，万物的主宰，并没有因为统治了世界而获得解放，反而，在人生的路上艰难地跋涉。人类就像被绑在命运之轮上一样，被欲望与时间的狂风吹动、玩弄……从而远离了我们所渴望的幸福。

我苦苦追寻造成这种境况的原因。

四处寻找，我无迹可寻；翻阅书籍，我无踪可查。

于是，我开始沉思，并最终找到了答案。

我贴近生活的细节，再次观察，终于发现了一种疗法。

我发现了一条法则，关于爱和幸福的法则；我找到了一种人生，顺应爱和幸福法则的人生；我接近了一条真理，修炼谦恭、顺势、和解之心的真理。

爱，让一切苦难变得温柔；爱的法则，让人生变得充满生机，幸福而快乐；和解之心，让人类变得更加坚强，可以战胜一切阻挡人类幸福的欲望。

我渴望自己的同胞走出苦海，成为命运和幸福的主宰。于是，我用十年的时间，把沉思的结果形成文字，变成了眼下的作品。

如今，我把这些思考形成的作品，庄严地奉献给世人，履行治疗创伤、赐福人类的使命。

我知道，对一直苦苦等待幸福的人们来说，这些作品，将如清凉的圣水一般，滋润他们的心田，从而滋养出完美的幸福。

詹姆斯·艾伦

目 录

The Aura of Happiness

Part1
幸福气场，其实很简单

真正善良的人是不需要为自己的行为辩护的，他所做之事就是对他思想的最好诠释。因为善良无需辩护，幸福也无需辩护。

温和饱含幸福的力量。所以，不对抗，却能战胜一切。这就是温和之人的力量。

幸福不是争来的。和平并不能靠斗争得来，而是要靠停止斗争来换取。

一个人倘若不愿意放弃他过度的欲望、永不满足的贪婪，时时可能爆发的愤怒、对他人的成见，等等，那么他会很难看清世间的真相，也无法了解生命的含义。尽管这个人很可能是一名学识渊博的大学教授，但在智慧这所学校里，他却是个不折不扣的愚人。之所以如此，因为幸福不能靠满足欲望得到。

一个人倘若能真正了解自己的圣洁心灵，他就能了解所有人的心灵；一个人倘若能主宰自己的思想，那么他就容易了解所有人的思想。

生命是简单的，人生是简单的，宇宙也是简单的，所以幸福也必定是简单的。

复杂感总是产生于无知和自我欺骗。尽管宇宙从表面上看起来包罗万象，但宇宙就其实质而言"原本简单"。人们不过是用自己的错觉织成了一张大网，当人们透过这张网看世界时，发现世界极其复杂，具有深不可测的神秘。这样一来，人们便逐渐迷失在他们自己建造出的迷宫里。

倘若一个人能够消除无尽的欲望，他就能够看到宇宙的简单之美；倘若他能够消灭自私的"我"的错觉，他就能够消除那个自私的"我"所产生的谬见，从而获得新生、回归简朴，获得无边的幸福。

当一个人成功地完全忘却(消灭)他个人的自私自怜情绪，他就能成为一面明亮的镜子，忠实且真实地反映出宇宙的全貌。他的头脑会变得更加清醒，从此，他不会再生活在梦想里，而是生活在真实的现实中，也就触摸到了真实的幸福。

简单是宇宙的本质

在毕达哥拉斯(古希腊哲学家、数学家)眼中，宇宙可以用10个数字来表示。其实，这种简单的表示法甚至可以再进一步简化——人们可以发现，宇宙实际上只包含在"1"这个数字里。因为所有的数字及无边的事物，都只是"1"这个数字的不同累加得出的。

但愿人们不再认为人生是支离破碎的——这也是人们总是把幸福看得支离破碎的原因所在——而把它视为一个完美的整体。这一完美整体的"简单"随后便可显露出来。支离破碎的部分怎能构成整体呢？但知晓了整体就可以轻而易举地领会部分——邪恶怎能察觉神圣呢？但神圣却可对邪恶了如指掌。

谁若想跨入伟大者的行列，那就请他拒绝做一个渺小的人。这正如什么色彩也没有太阳光艳丽，但太阳的光芒却能包含一切色彩一样。但愿人们能够消除所有形式的自私，但愿人们能够把五颜六色的思想与无穷无尽的欲望投进他内心深处的静寂火炉中接受炼化，请知识耀眼的光芒照亮他的人生之路。

在完美的和音里，单个音符尽管很容易被遗忘，但它们却是必不可少的；一滴水把自己汇入大海之后，虽然已难觅其身影，但它的作用却扩大了。如果你能满怀热情地把自己融入人性的核心里，你就会创造出和谐的天堂；如果你能把自己汇入对所有人的无限关爱中，你就能做出不朽的成就，并与幸福的海洋融为一体。

如果一个人只愿意停留在外部世界里，那他只会跟着复杂的环境变得越来越复杂，但如果愿意，他就能在内心世界里返璞归真。倘若一个人能够明白在他了解自己之前，是绝不可能了解宇宙的，那么他就会走上"回归简单"的道路。他会首先努力从自己身上揭示出生命的奥秘，进而再揭示出整个宇宙的奥秘。

如果不再费尽心机地去猜测上帝是否存在，而是全力探求生命力无所不包的善，那么你就会看清无端猜测是多么空虚与徒劳。

一个人倘若不愿意放弃他过度的欲望、永不满足的贪婪、时时可能爆发的愤怒、对他人的成见，那么他会很难看清世间的真相，无法了解生命的含义。尽管这个人很可能是一名学问渊博的大学教授，但在智慧这所学校里他却是一个彻头彻尾的愚人。之所以如此，因为幸福并不是靠满足欲望才得到的。

倘若一个人想找到知识大门的钥匙，那就请他先为自己准确定位。一个人身上的罪恶并不是不可去除的，它们也不是这个人生命的任何一部分，它们只是这个人留恋不止的顽疾。倘若他不再依恋它们，它们就不会再纠缠不休。若他能勇敢地抛弃它们，那么别人就能够看到焕然一新的他。到了那个时候，他就会用自己洞察一切的眼光看清世间战无不胜的法则、不朽的生命和永恒的善良。

很多不纯洁的人坚信"不纯洁"才是他的合理状况，而绝大部分纯洁的人都能明白生命的本性就是"纯洁"。不仅如此，纯洁的人往往还能透过面纱，看到所有人身上的纯洁本性——包括那些为非作歹的人。

纯洁是极其简单的，不需要得到任何证据的证明。不纯洁却是冗长复杂的，总会与"极力辩护"相勾结。真理本身是具有生命力的，清白的人生是真理的唯一见证者。人们只有在自己内心发现智慧的时候，才能够懂得智慧并接受智慧。富有智慧的人即使身居闹市，也能够保持内心的宁静。真理如此简单，以至于在斗争及争吵中是难以见到它的身影的，而真理又是如此沉默，只会在人们的行动中显露出来。

"原本简单"包含着一个朴素的道理——一个人若想获得什么，必须先付出什么。拱门因为自己身下空无一物，所以才坚固；聪明者在消除了私心，虚怀若谷之后，才变得无比强大、战无不胜。

谦恭、耐心、关爱、同情和智慧，都是原本简单却具有决定人命运的品质。因此，不完美的人是无法理解它们的含义的，更不用说虚心接纳它们了。只有聪明的人才会深刻理解"聪明"的含义。因此，愚蠢的人总是说："聪明太难了。"不完美的人总是说："没人能成为完美的人。"这样的人因此只能在愚蠢与不完美上原地踏步。同样的，你找不到幸福，你是否也会认为"幸福太难了"呢?

尽管这样的人有可能一生都与一个完美的人生活在一起，但他不会看到对方的完美。他会把对方的谦恭称为懦弱，把对方的耐心、关爱与同情视为软弱，把对方的智慧视为愚昧。

敏锐的识别力是属于完美的，因此，人们在没有让自己彻底领悟完美的人生之前，一定要经常告诫自己不要随随便便就对别人评头论足。

如果一个人能够领悟到"原本简单"的真谛，就会发现，宇宙里的一切都不再朦胧难懂了，世上的事情不再模糊不清，而是清晰可辨的。一个

人倘若在他自己身上发现了宇宙的奥秘，他就能随之看清宇宙的现实。一个人倘若能了解自己心灵上的圣洁，他就能了解所有人的心灵。一个人倘若能主宰自己的思想，那么他就会很容易地了解所有人的思想。所以，**善良的人是不需要为自己辩护的，他所完成的事就是对他思想的最好诠释。因为善良无需辩护，幸福无需辩护。**

那些能够提出问题的人比每天浑浑噩噩的人聪明，同样的，那些心地纯洁善良的人又会比提出问题的人显得更高明，因为当人们的内心变得至纯至善的时候，所有的问题都会消失得无影无踪。因此，那些至纯至善之人被称为"谬见的终结者"。当一个人内心的罪恶被彻底清除时，什么样的问题会令他心生烦恼呢？当你经过了长途跋涉，终于来到内心那片宁静之地，从此之后能够幸福地生活在那儿，并发现了至纯至善之后，你就会把遮掩谬见庙宇的遮盖物撕裂，昂首阔步地进入由完美的耐心与平和构筑起的超凡的荣誉殿堂中——纯洁善良与简单原本就是统一的。

温和的力量

山峰从不屈服于猛烈的暴风雨，但它却乐意保护羽毛初成的雏鸟和毫无抵抗之力的羔羊。尽管攀登者踩在山峰的脊梁上，但它为他们提供保护，以博大的胸怀接纳他们。温和与谦恭的人也像大山一样，任何人都无法动摇他内心的坚定与信念，充满同情心的他却能弯下腰来，保护弱不禁风的生灵。尽管他可能会受到别人的蔑视，但他无怨无悔地帮助所有的人，用一颗爱心去呵护他们。

就像大山静寂的力量中蕴含着荣耀一样，悄然无声的谦逊中也蕴含着荣耀。这样的人也像大山一样，默默地奉献出自己的爱心

谁若养成了温和、谦逊的品质，谁就发现了高贵的心灵，获得了高贵的意识，并能认识到自己就是一个高贵的人。他还会明白其他人也都是高贵的，尽管处在沉睡状态的他们并未清楚地认识到这一点。谦逊是一种高贵的品质，而且具有强大的力量。温和的人通过征服自己的私欲，从而获得至高无上的胜利。

靠武力征服他人的人是势力强大的人，靠温和征服自身的人则是威力无比的人。靠武力征服他人的人，有朝一日他自己也会被人征服；靠温和征服自身的人，永远无法被他人征服，因为平凡的人无法征服高贵的人。那些温和之人在遭受攻击时仍能获得胜利。就像苏格拉底虽然最后被人处死了，但他却获得了更伟大的永生。

真正的永恒是无法被破坏的，能被破坏的只是不真实的事物。倘若一个人发现了自己身上那持久不变、永恒的"真"，他就步入了那种真实的人生之中，而且他会变得温和谦恭。即使所有的黑暗力量都来攻击他，也无法对他造成任何伤害的，最终，黑暗只能无奈地败去。因为，幸福无法被破坏，一旦你感到幸福，任何负面的力量就都会变得积极而又温和。

既然天堂就存在于我们自身，

我们还需要到外界去搜寻它吗？

谦恭是一切美德的基石，

谁能把这块基石砌得又快又好，

谁就能建起最牢固的人生大厦。

——贝利(美国记者)

不争才能挣到一切

谦恭的人在经受考验时能够显露出自己的人性本色——当别人跌倒了，他能够依然挺立；别人身上爆发出的愚蠢的狂热激情，也无法消磨他的耐心与执著；当他遭受旁人的攻击时，他"既不与对方展开斗争，又不哭喊"，他知道一切外在的邪恶都是纸老虎，只要能克服了自身的邪恶，自己就能获得巨大的力量和至善至纯的无穷能量。

永恒不变的"爱"是万事万物的核心，谦恭则是那种"爱"发挥作用的一个表现，因此谦恭成为了一种不朽的品质。谁若在生活中处处以谦恭为指导，谁就能无所畏惧，领悟至高无上的真理，并把"卑鄙、低劣"踩在脚下。

爱是幸福的唯一出口，有了爱才能消除一切邪恶。如心中只有邪恶，眼前自然就只能看到邪恶，又怎么能看到幸福呢？

爱是温和的、谦逊的。温和的人在黑暗中会发出异常明亮的光，这样的人能够在低微中崛起。谦虚的人是不会自我吹嘘的，也不会自我炫耀。谦虚的品质在被落实到现实中的时候，有些人能够看到，有些人却看不到。作为一种精神品质，谦虚只能通过具有精神的人的双眼才能够被发觉。精神上没有觉醒的人既看不到谦虚，也不会喜欢它。他们眼里看到的，是世俗的东西和事物表现的假象，因而他们总是缺乏眼见和判断力。

历史不会给谦恭之人留下浓墨重彩的印记，历史的荣耀往往只属于争斗和自我扩张的人；那些谦恭之人的荣耀，由于太过和平与温和，总是容易被人遗忘。那载入史册的，总是那些世俗之事，而不是世间发生过的无比美好的事情。尽管谦恭之人总是生活在卑微之中，但他们无法被真正地遮掩——光明如何能被遮掩呢？即便他们与世长辞之后，他们的光辉依旧闪耀在世间，并能得到那些与他素不相识的人们的无限崇敬。

温和的人在遭到别人蔑视、辱骂或误解时，他只会觉得这些事情是无关紧要的，因此他采取的做法总是置之不理，而非以牙还牙。他知道蔑视、辱骂之类的武器如同最脆弱、最无效的影子，对那些用邪恶来对待他的人们，他以善良作为回报。**温和饱含幸福的力量。所以，不对抗，却能战胜一切，这就是温和之人的力量。**

一个人如果因为害怕自己受到别人的伤害，或是为了证明自己的正确就选择与别人展开斗争，那么这只能说明他并不懂得温和或谦恭的力量，也不理解人生的实质与意义。

> 他辱骂我，他欺负我
>
> 他击败我，他抢了我的东西……
>
> 谁的脑子里若整日充斥着这些念头，
>
> 谁内心的仇恨就永远难以消除。
>
> 这是因为，仇恨在任何时候都无法被仇恨消除，
>
> 仇恨只能在关爱的照射下冰消雪融。

你是否经常念叨着你的邻居编造了很多中伤你的谎言？即使这件事是真的，难道它是非常严重的事情吗？别人说的几句虚假的话，能够真正伤害你吗？既然谎言都是虚假的——这是它的本质——并且，虚假的事物是没有任何生命力的，那么它也就没有伤害任何人的力量，除非有人主动寻求被它伤害。

那些被虚假伤害到的人，心中一定是没有幸福可言的。比如说，出自你邻居之口的谎言，对你来说是一文不值、不足挂齿的，但你如果选择反唇相讥，以证明自己的清白，那么这谎言对你来说就关系重大了，因为你那样

做，实际上是给邻居的谎言赋予了生命与活力。并且，那样做的结局，就是你一定会受到伤害，心中会感到非常难过。但是，当把你内心的一切邪恶都清理出去之后，你就会发现因为别人身上存在邪恶，你就选择去攻击他们，但是，以邪恶回报邪恶，其实是一种愚蠢之举。

如果你说你遭受到了别人的欺压，如果你的确是这样认为的话，那么实际上你已经遭受到了欺压。那些你认为带给你的、源于他人的伤害，其实根源还是在你自己身上。他人错误的思想、言语或行动，并没有伤害你的力量。除非你选择了激烈的抵抗方式，激发出了"伤害"的生命力，从而使自己遭受损失。

如果别人选择诽谤我，那是他自己要考虑的事，并非我要考虑的事。我只和我的心灵打交道，不必关注我邻居的心灵。尽管全世界的人都可能对我做出错误的评判，但那并不是我要考虑的事情。我应该让纯洁与关爱占据自己的心灵，这才是我要考虑的事。因为，如果一个人不愿意放弃对别人说三道四，那么他就会一直身处无休止的争斗中。

一个人若想平息战火，那就请他不要再为任何一个身处战火中的势力进行辩解，甚至请他不要再为自己的行为进行辩解。**幸福不是争来的。和平并不能靠斗争得来，而是要靠停止斗争。**

我们不妨看看恺撒的例子。恺撒最开始的荣誉源于敌人对他的反击，他们向恺撒展开反击最后以失败告终。随后，他们不得不表示了臣服，对恺撒提出的要求都予以满足，结果恺撒的荣誉与力量很快就丧失掉了。由此可见，温和之人的恭顺是能够战胜强大之人的。但这种恭顺，并不是甘心为奴的、外在的恭顺，而是为着内心自由的、在自我精神上的一种恭顺。

温和的人不会为自己的权利而争斗，而他也不必煞费心机地去自我防卫、自我辩解。他总是生活在关爱之中，他不会孜孜不倦地追求自己想得到的东西，但由于他的温和与睿智，它们却能够自然而然地被他拥有。

幸福不是争来的，只有自己的幸福才是真正的幸福。从别人那儿夺来的，你早晚要还回去，能还回去的东西，就一定不是自己的啊！

保持谦恭，世界就会温暖

倘若一个人口口声声地说："我已经尝试过做一个谦恭的人，但最后却以失败告终。"那么这只能说明他并没有真正地做到谦恭。谦恭是不能像做一次试验那样随随便便就能进行尝试的，人们只有通过毫无保留的自我牺牲行为，才能真正做到谦恭。谦恭或温和并不只是表现在行为上的不对抗，它主要表现在思想上的不对抗。一个人若想真正做到谦恭或温和，那么他的内心就不能有任何自私或报复他人的念头。温和的人在生活中一定是摆脱了仇恨、愚昧和空虚的人，因此他是绝不会进行"反击"行为的，也不会让"自己的感情受到伤害"。温和的人总能在人生中立于不败之地。

如果你在努力追求美好的人生，那么请你首先培养谦恭、温和的品格，并日复一日地增强你的耐心和自我克制的能力。请一定管好你的舌头，不要逞一时口快，不要为了个人私利而产生与人争执的念头，不要纵容自己的错误行为。请悉心呵护并全力培养你内心那朵纯洁、美丽的谦恭之花，等到有朝一日你能欣赏到她的芬芳、纯洁与完美时，你就能够成为一位温和、快乐且坚强的人。

幸福本身并不完美。千万不要因为自己周围有许多粗暴而自私的人就认为自己不幸福，就抱怨不停，你要庆幸你还能清楚地看到自身不完美的地方，而且懂得你之所以置于这样的境况中，是因为这样的环境非常有助于培养你的克己精神，并能够让你及早达到完美的境地。你被越多的粗暴与自私包围，你就越需要具有温和、谦恭和关爱的品格。

如果别人错误地对待你，你最需要做的，就是摒弃一切错误，并努力生活在关爱之中。如果别人就温和、谦恭和关爱的话题反复对你进行说教，那么你既不要效仿他们的做法，也不要对他们的做法感到生气。你只需要在你静寂的内心里，在与人交往的过程中，把温和、谦恭和关爱的品格落到实处。如果你具备了它们，那么你根本不必刻意去宣扬它们，就能自觉成为这些良好行为的实践者。尽管你没有发表任何豪言壮语，也并没有站在众人面前慷慨陈词，但你确实教育了世人。

一个人倘若战胜了自我，那么他就一定提高了自身的觉悟，就可以很容易地觉察到事物的真谛。如果你在做每件事的时候，都能够看透事情的本质，扯去错觉的面纱，最终领悟到做人的真谛，这样一来，你便可以真正地融入到人生中，了解人生的意义。

如果你有了温和这顶挡风遮雨帐篷，那么在别人感到苦不堪言的地方，你却能幸福地生活着；在别人怀着满腔仇恨的地方，你则能怀着满腔的爱心；在别人大声谴责的地方，你则能做到宽以待人，保持内心的宁静；在别人斗争不休的地方，你则能平和坦然，置身事外；在别人拼命攫取的地方，你则能慷慨给予；在别人追名逐利的地方，你则能默默无闻，甘于平凡。他们在自己的强硬态度与不休争斗中不断走向衰弱，而你则在自己的温和与宽容中不断走向强大。是的，你必将获得成功，因为不具备温和品质的人，是一定无法掌握真理的。

因此，命运打算拯救一个人时，首先，会赐予他温和的性情。

阅读标签

1．一个人倘若不愿意放弃他过度的欲望、永不满足的贪婪、时时可能爆发的愤怒、对他人的成见，那么他会很难看清世间的真相，无法了解生命的含义。

2．那些能够提出问题的人比每天浑浑噩噩的人聪明，同样的，那些心地纯洁善良的人又会比提出问题的人显得更高明，因为当人们的内心变得至纯至善的时候，所有的问题都会消失得无影无踪。

3．靠武力征服他人的人是势力强大的人，靠温和征服自身的人则是威力无比的人。靠武力征服他人的人，有朝一日他自己也会被人征服；靠温和征服自身的人，永远无法被他人征服。

4．一个人如果因为害怕自己受到别人的伤害，或是为了证明自己的正确就选择与别人展开斗争，那么这只能说明他并不懂得温和或谦恭的力量，也不理解人生的实质与意义。

5．温和之人的恭顺是能够战胜强大之人的。但这种恭顺，并不是甘心为奴的、外在的恭顺，而是为着内心自由的、在自我精神上的一种恭顺。

6．一个人若想真正做到谦恭或温和，那么他的内心就不能有任何自私或报复他人的念头。请一定管好你的舌头，不要逞一时口快，不要为了个人私利而产生与人争执的念头，不要纵容自己的错误行为。

歇一歇
等等幸福

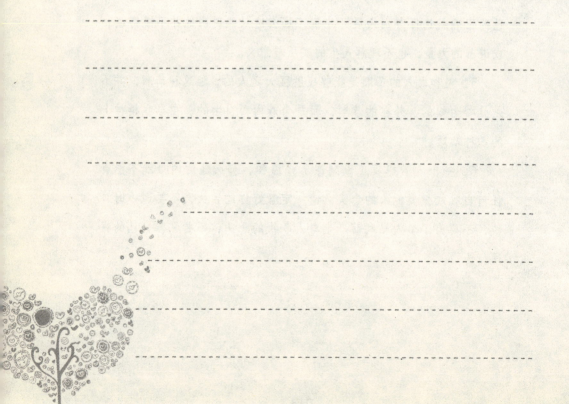

Part2
让气场为你服务的神奇法则

困扰我们的很多问题的最终原因，多半在我们内心，而一旦找到了引起问题的真正原因，几乎所有的问题都能迎刃而解。

某种问题引发的一种或多种现象，不论得到了怎样的修正，只要引起问题的根源还在，问题就一定不会消亡。

气场不会消亡，因为一个人的伟大精神能够在世间停留很久，而且历久弥新。

一个人若想成为伟大的人，他应该先学会做一个善良的人，而不要想着靠追名逐利成就自己的人生价值。

一个人倘若选择了"善"的道路，而且甘愿牺牲自己的一切，那么他就一定会获得自己所需要的一切。

有一种说法，认为自然界的法则是残酷的；还有一种说法，认为自然界的法则是和善的。

前一种说法表明自然界存在残酷竞争的一面，后一种说法则表明自然界有保护生命和友善对待生命的一面。其实，在现实生活中，自然界法则既不是残酷无情的，也不是友善和蔼的，而是客观公正的。

自然界中发生的一切残酷灾难，并不意味着自然界本身出现了问题，而是大自然在进化过程中必然会出现的痛苦经历，就像无知、令人恐慌的暗夜会引出欢乐、祥和的晨曦一样。

当一个无助的孩子被大火吞噬时，我们不会因为这是一个品行端正的孩子，就把这一惨案归罪于"火会吞噬生命"这一自然定律上。实际上，我们要么会惋惜孩子的无知，要么责怪监护人的粗心大意。

即便大部分人不会把灾难归罪于大火，但人们在日常生活中，每当自己被心里的无形之火吞噬时，他们往往不会把自己的愤怒与失态归罪到自己的无知与修养上，而会把它们归罪于时时刻刻都在起作用的自然定律身上。不管是谁，只有当他学会了如何控制自己的情绪，如何进行自我保护，才不会愚蠢地把无知对自己造成的伤害归结到自然定律上。

了解、控制，并轻松调节自己心里的无形能量，是每个人甚至于每种生命体的终极归宿。这也是气场的力量所在。它由内而外，所以说如果你的内心是阳光的，那么你的气场就是幸福的，而你，就不必靠残酷的争斗，不必历经巨大的苦难就获得真正的健康与幸福。

爱能让你体会到最大的幸福

据说，米开朗基罗能在每一块石头中看到一种等待大师之手将其化为现实的美丽。那么，我们也可以说，每个人的内心深处，都蕴藏着神圣的宝藏，这些宝藏等待着有信仰及耐心的大师把它们发掘出来。那种神圣的宝藏，一旦被发现，就将展现出一尘不染、大公无私的爱。

神圣的爱，深深根植于每个人的心底，尽管它时常被一层异乎寻常的坚硬外表遮盖住，但它那神圣、纯洁无瑕的本质却是永恒存在的。它是人们心中的真理，占据着至高无上的位置，它是真实、不朽的。世间所有的生物都在不断变化着、逐步消亡，只有它是永恒不变、永不消亡的。我们如果能时刻意识到它的存在，并在它散发出的光辉指引下生活，那就意味着，我们已与真理融为一体了，更意味着，我们已经真正认识到了自身的本质。

有爱才有气场。当你爱一个人的时候，你的气场就开始吸收让你幸福的力量，当你被人们爱的时候，你的气场就开始释放幸福。这就是气场的

秘密所在。

为了追求这种爱，为了理解及体验这种爱，我们必须依靠坚韧与勤奋带来的力量，必须培养我们的耐心、巩固我们的信念，因为想徜徉在光彩夺目的爱的神圣形象中，我们有很多缺点需要克服，有很漫长的路要走。

致力于追求并愿意把爱带入现实的人，首先需要在耐心上接受严峻的考验。这是完全必要的，因为离开了耐心，想获得真正的智慧便无从谈起——他在前进的过程中，会不时地发现自己所做的一切似乎都是徒劳的，他的全部努力似乎都会付之东流。然而，对于那些坚定不移地去追求神圣的爱的人们来说，世上根本没有失败。

在那些有着坚定信念的人心里，所有的失败都是表面现象，都是不真实的。每经历一次坎坷，每跌倒一次，都可视为汲取了一次教训，获得了一次经历。努力者的智慧也会渐渐得到增长，努力者朝着他的崇高目标更进了一步。因此，我们应该意识到，**在通向神圣的爱的道路上，我们需要十足的耐心，需要有毫不气馁的精神**。实际上，坎坷与挫折，都是我们摘取成功桂冠的阶梯。

一旦你把自己遭受的失败、悲伤与苦难，视为能够告诉自己哪儿是自己的弱项、哪儿做错了、为什么会摔跤的指导，你就会开始不断地观察自己，不断地进行自我反省，你就会在跌倒的地方重新站起来，会明白，只有除掉心中的杂草，才能走进完美的境界。

幸福气场的修炼就是这样，越磨越强，越炼越有效果。在前进的途中，你需要日复一日地克服内心的自私自利，这样，无私的爱才会渐渐展露在你的眼前。

倘若你变得越来越有耐心，头脑越来越冷静，那么你就不再会为一些不顺心的事怒气冲冲或大发脾气了。那种让人难以抗拒的欲望与偏见也无法再统治你、奴役你了，随后你将认识到，你内心的"圣洁"会发芽，无私的爱也不再是水中月——你可以获得一种十分平静的心境，一种能在最大程度上体会幸福的心境。

神圣的爱与常人的爱的主要区别在于：神圣的爱没有任何偏袒，常人的爱有一定的局限性，他们只会爱一些特定的对象，当这些特定的对象消失时，抱着常人所爱的人便会陷入悲哀情绪中；神圣的爱是环绕整个宇宙的，它把整个宇宙都包含在，那些追求神圣的爱的人，能够逐渐让他周围人的爱得到净化及增长，直至所有自私及不纯的因素被剔除掉。

由于常人的爱总是狭隘的，带有明显的局限性，而且时常与私利掺和在一起，因此这种爱会给人们的内心带来痛苦。倘若一个人付出的爱非常纯洁，以至于他丝毫不会考虑个人得失，那么，在任何情况下他也不会因为自己付出了爱而感到痛苦。尽管如此，常人的爱却是获得神圣的爱的基础——**一个人的内心只有充满最深刻、最强烈的常人的爱，他才能为升华到神圣的爱做好准备；只有经历了常人的爱及这种爱所带来的痛苦，人们才能认为神圣的爱不是天方夜谭。**

常人的爱是神圣的爱的前奏，人们经过努力便可使自己的内心充满神圣的爱，从此，人们就不会再为自己付出了爱却没有获得回报而感到悲伤了。

所有问题都可以在内心迎刃而解

严寒的冬天，我家乡的人们有个习惯——给鸟喂食。在给它们喂食的过程中我发现了这样一个事实：当鸟儿十分饥饿时，它们彼此间十分友善——相互拥挤着保持温暖——饥饿避免了它们之间的冲突；如果它们有

了少量的食物，就会企求比能维持生命所需的更多的食物；如果它们得到了更多的食物，它们就会因为这多余的食物发生争斗。

我们偶尔往地上扔一块面包，鸟儿们之间的争斗就会变得激烈而持久。尽管它们中的很多成员吃下的食物足以满足以后几天的生存需要，但一些鸟儿还会不停地吃，直到再也吃不下时，仍会待在那块面包旁边或在那块面包周围盘旋，尽力阻止其他同类分享面包。

伴随着这种激烈争斗的，还有显而易见的不安——鸟儿们每啄食一口面包，便会恐惧不安地往四周看一看，时刻担心失去自己的食物或丢掉自己的性命。

饥饿的鸟儿与吃饱的鸟儿的气场是不同的，这决定了它们之间是互相争斗还是互相取暖。在这个简单的例子中，我们可以看出在自然界与人类社会中都存在的竞争定律——尽管我们所看到的现实是比较残酷的，然而它们却是真实的——往往匮乏是难以导致竞争的，恰恰是充裕导致了竞争。

假若干旱使一个国家的民众饥寒交迫，那么在这个国家里，关爱与同情心会普遍取代竞争性的倾轧与剥削。在给予与获得的过程中，人们开始品尝到人间的和谐与满足——一些人已经找到了这种幸福，其他的人最终也能找到。

困境中，人们才启动气场的力量，相濡以沫，用内心的力量与感动战胜困难。顺境中，人们往往忘记了自己的气场曾经如何救了自己，于是就相互争夺。

亲爱的读者，你在认真阅读本书时，应当时刻牢记这么一个事实——很多时候，**正是充裕导致了竞争，而非匮乏**。这一理念不仅能让你理解我接下来所要讲的内容，而且可以让你看透与社会生活以及与人的活动密切相关的一切问题。此外，倘若你能够对这些现象进行认真的思考，并把从中悟出的道理运用到实践中，那么你在通往自己理想王国的道路上将会省下不少力气。

社会与民众生活中的每一种现象，就像我们所看到的自然界的每一种现象一样，都是一种对结果的表现。所有这些结果都是由某种原因造成的。就像种子包含在鲜花中，鲜花也包含在种子中一样，大自然中的因果关系是直接、亲密的，也是不可分割的。"果"并非由它自身固有的任何东西引起，而只是由存在于"因"中的生命推动出现的。气场是所有"因"的综合表现。

放眼整个世界，我们会发现它简直是一个倾轧争斗的场所。在这个场所里，小到个人、集体，大到国家，为了占有世界财富的最大份额，都在不停地进行着争斗。

我们还会发现，弱者被一一击败，而那些很好地武装了自己的强者，最终取得了胜利，拥有了他们梦寐以求的物质财富。我们还能够看出，与争斗同在的，是不可避免的苦难：妻离子散、家破人亡……

我们看到了泪流满面的人们，他们的眼泪诉说着无法形容的痛苦与悲伤；我们看到了痛心的别离以及许多年轻人的非自然死亡。我们深刻地认识到，当这种争斗的生活被剥去外衣时，很大程度上可以被称为是一种悲伤的生活——这就是我们现实生活中的一些真实情景，我们在走自己的人生道路时应当以此为鉴。

植物的共性在于需要土壤、水分和阳光，它们在土壤中汲取营养、不断成长。每个人一生中所做出的各种各样的活动，实际上都根植于一个共同的发源地——人的内心，所有的行为都会从这个发源地不断地汲取养分。导致所有的苦难以及带来所有幸福的原因，并不存在于外部世界，而是存在于内心与大脑的内在活动中——人们的外部活动，都受到内在活动的支配。

人类生活中的一切现象，都是结果的外在表现。尽管这些现象能够对刺激做出一些本能反应，但它们永远都不可能成为"因"，那种引发外在现象的持久而深奥的"因"，还是根源我们的内心。

人们在解决自身面临的诸多问题时，总是从分析事情的结果出发，往往不愿意静下心来，通过认真思索找出问题的真正原因。**其实，很多问题的最终原因就在人们的内心，而一旦找到了真正的原因，人们所碰到的所有问题便可迎刃而解。**

这个世界上存在各种形式的争斗，都是被称为"自私"的共同的原因引发的。我这里所说的自私，是指广义上的自私。我把各种各样的自我怜爱和损人利己都包括其中，我用它来指那种不惜一切代价捞取利益的欲望。

"自私"是竞争现象及竞争定律存在的根源，离开了它，竞争现象与竞争定律便不复存在了。对于每个人来说，只要他内心隐藏着任何形式的"自私"，那么竞争定律便会在他的人生中发挥作用，他可能会时刻受到它的支配。

"外在事物引起了争斗"这只是人们的错觉。外在争斗是显而易见的果，而内心的争斗则是导致这种结果的原因——内心的争斗必须要通过一定的渠道实现自我需要。如果不能认识这一点，想要消除现实世界里的斗争，人们不过是费力地堵住了一个"缺口"，而内在的能量会立即开辟出另外一个"缺口"。

只要人的内心尚存自私，争斗就会永远存在，竞争定律也绝对不会退出人生舞台。倘若人们内心的斗争因素被忽略了，所有的外在变革则只能失败；倘若我们能深刻意识到内心斗争的存在，并想方设法地去清除它，那么所有的外在变革必将取得成功。

现在我们可以明白，自私是竞争的根本原因，是所有竞争定律的持久源泉。由此我们可以看出，人与人之间的争斗，是一棵大树的枝叶，那棵大树的根就是自私，而这棵大树结出的果实必定是痛苦与悲伤。而仅仅依靠砍掉大树的枝干，是难以把这棵树除去的——为了有效地拔掉这棵树，必须清除它的根。在现实生活中，面对避无可避的争斗，如果我们只采取了一些改善外部境况的措施，那无异于是砍掉了"大树"的一些"枝干"，这并不能从根本上解决问题。

幸福不必斗中求

当代，几乎所有的文明国度中的人们，为了满足各自的虚荣心，为了获取终将消失的物质财富，挖空心思地争斗着。他们已把竞争发展到了极致。同时我们也应看到，我们所在的这个时代，科学技术已经达到了非常高的水平，人们在物质生活上已经非常富足了，但许多人的精神生活却一片混乱。在没完没了的激烈竞争中，人们的心灵变得非常疲惫，在这种最疲惫的时候，心灵的需求也是最大的——谁的心灵获得了最充分的滋养，谁沿着正确道路做出不懈努力之后，谁所获得成果就最大。同样，人们受到的诱惑越大，抵御诱惑的任务就越艰巨，而成功完成这一任务也就显得越伟大。

人们喜欢不停地与周围的人进行争斗，他们误以为这样做能够为自己带来利益与幸福。他们追逐私利的争斗会把自己的内心禁锢起来，当不可避免的副作用产生时，他们才会意识到自己应该寻求一个好的出路。

进行深刻自我反省的人，是能够不断取得进步的。一个人通过深刻的反省，能够意识到自己所遭受的痛苦与悲伤，几乎都是那种人与人之间无

休止的争斗造成的，随后他便能毅然退出这种争斗。当然，也只有退出这种彼此间的倾轧争斗的人，那通向平静、高尚的精神境界的大门才会对他敞开。

我们必须透彻理解起着绊脚石作用的倾轧争斗的本质，透彻理解在人类活动及世间动荡中时刻都在起作用的竞争定律。因为一旦没有对这种本质进行深入理解，我们是无法了解到底是什么构成了人生中的真实与虚假的，因而也就无法在精神上获得真正的进步。

正如在认识并欣赏"真实"之前，我们必须先揭露"虚假"；感知"真实"之前，必须先改变对它的错误认识；认识无限的真理之前，我们必须放弃关于有形世界及现实名利的有限体验。

因此，我衷心地希望那些能够认真思考、不懈追求的读者，在我开辟出通向真理王国的道路之后，能够和我一道前进——我们会首先进入地狱(倾轧争斗与贪图私利的世界)，认清那儿的险恶，然后，我们就可以通过不间断的努力，一步步走进充满平静与爱的世界中了。

苦难因无私而变得无所谓

如今，许多人付出了巨大的努力，建设可被称为"伊甸园"的"花园城市"。这个城市坐落于芳香扑鼻的大花园中，城市居民都能安居乐业。不过，我们不得不指出的是，当这种努力是在无私的爱的推动下运作时，城市就是美好且令人称道的；倘若城市中缺乏了无私的爱，倘若那儿的居民都沦为了自私之心的奴隶，那这样的"伊甸园"只能是空中楼阁。

我所说的自私之心哪怕只表现为人们常说的自我放纵，但一旦这座花园城市的居民沾染上了，整座城市就将受到破坏，花园中美好的一切将被竞争性的倾轧争斗取代。那儿的居民会失去崇高的精神追求，自私之心会让他们在做事时不择手段，他们眼中也不再有公共或他人的权益——人人都急欲使个人利益获得满足。

认识到自私是人与人之间竞争倾轧的根本原因之后，如何解决这一问题就变得重要了。在寻求这类问题的解决途径之前，我们应当牢记：根源一旦被消除，问题所有的表现便会自行消亡。**反之，不论问题引发的现象怎样被修正、被制止，只要它的根源还在，问题都必定继续存在着，你的气场也会因此留下缺口。**

每一位深深地思考过人生问题的人，每一位带着一颗同情心考虑过人类所遭受的苦难的人，都能够看到，自私是一切苦难的根源。实际上，这是善于思考的人在思想上首先认识到的真理之一。能够看到这一点的人，心里常常会产生一种渴望，那就是找出一些可以克服自私之心的途径。

这类人首先想做的事情，大多是费力地制定一些规章制度，或者建立一些新的社会机制，以求能检验他人是否自私。但他接下来感觉到的就是面对人们自私行为的无能为力。

之所以会出现这种情形，原因在于他并不完全了解自私之心是怎么来的。对自私一知半解的他，尽管在大体上克服了自身所表露出的自私现象，成为了一位高尚的人，但在他的内心深处，他处理某些事情的时候仍然可能是"自私"的。

那种"无能为力"的感觉，是以下两种现象的前奏：要么绝望地放弃，重新让自己沉沦在这个自私的世界里；要么坚持不懈地寻求解决途径，不断地思考，直至找到另一条走出困境的路——他只要坚持，就一定能找出那条途径——深入地观察人生，不断进行思考、沉思、检验、分

析；集中全部精力，努力克服自己碰到的每一个困难；日复一日地培养理智、培育爱心。借助这些做法，他的心灵将得到净化，他的理解力将得到增强。最终他必将意识到，摧毁自私的途径，并非想方设法地修正一个人的自私言行，而是要彻底清除内心的自私想法。

这种对真理的发现与探索，构成了一个人精神上的洞察力，当这种辩证思想在人的内心中苏醒时，"笔直而狭窄的道路"便出现了，幸福之门已在远处隐隐闪现。

倘若一个人对自己高标准、严要求，但又不苛求他人做到尽善尽美，那么他就能发现一条走出倾轧争斗怪圈的道路，能够彻底摆脱争斗带来的一系列负面影响，能够超越竞争定律，抛弃一切邪恶，获得无私的爱所赋予自己的无限幸福。在这个过程中，他不仅可以提高自己的思想觉悟，而且可以帮助周围人不断提高觉悟。他为人们树立了榜样，其他的人也能够从他身上找到正确的道路，并沿着这条道路坚定地走下去。这样一来，整个世界的面貌必将焕然一新。

想获得幸福？尽量简朴、善良就对了

伟大、简朴与善良这三者是统一的，它们完美地结合在一起，不能被分开——所有的伟大都源于善良，所有的善良都非常简朴。离开了善良，伟大便无从谈起。有些人像龙卷风或雪崩一样，作为一种破坏力量在世间走了一遭，因此他们并不伟大。因为伟大是经得起时间考验的，是能够代代传颂的，而非暴虐和带有破坏性的行为。最伟大的心灵，必定是最温和的心灵。

伟大的人从不会炫耀自己，他们只会默默无闻地做事，而且不求人们的认可与赞扬。这就是为何他们不容易被觉察，被辨认出来。就像那高耸入云的山峰一样，静悄悄地矗立在那儿，那些整日住在山上的人，可能并没有意识到它的巍峨与壮丽。只有当这些人走出大山，站在远处眺望它时，才会发现山峰的伟大之处。伟大的人物常常不会被与他同时代的人们发现，在他告别人世之后，时间的流逝反而能让他的伟大得到更多后人的认可。这就是空间距离与时间距离产生的独特魔力。

大多数人的头脑里每天只会琢磨一些微不足道的事情，他们眼中经常看到的，是他们的房子、土地和金钱。正如住在山脚下的人们，很少会去凝视高山，而打算进入深山一探究竟的人更是寥寥无几——**这和人们对气场的感觉很像，身处气场之中却不知道。**

如果他们离开了山脚，走到了较远的地方回望来时路，房子、树木和土地等微小的东西早已消失在他们的视线中，他们此时方能感受到高山的独有魅力。人世间，一个人的名望、特立独行的举止，所有肤浅的东西很快会消失，然而，**气场不会消亡，一个人的伟大精神却能够在世间停留很久，历久弥新。**

居住在斯特拉特福德的一位农夫（当时人们对他身世的了解也仅限于此）在去世两百年后，后人才知道原来这个叫莎士比亚的人竟如此才华横溢。

所有这些出现在世间的真正才子，他们的才华并非仅仅属于他们个人，它们属于所有的人，属于全人类——人世间的才华是普照全人类的天堂之光。

天才的每件作品——无论属于哪个艺术范畴——都是客观真理的一种象征性体现。才华广为存在，所有的人，不论年龄是大是小，不论身属哪

个国家，其内心都可迸发出才华的火花。

为什么人们会在真与善的问题上争论不休呢？因为人们为真和善设立了太多的条件。同理，幸福也是如此，幸福就幸福，没有任何门槛和条件，如果你为幸福设立条件，那么就永远得不到幸福。

每一件不朽的作品，都披着简朴的外衣。最伟大的艺术，往往像大自然一样朴实无华——它不会耍弄什么伎俩，故意做出什么姿态，也不会弄虚作假博取世人的眼球。莎士比亚从不故弄玄虚，他之所以被称为最伟大的剧作家，是因为他崇尚简朴。有些评论家并不懂得简朴中蕴含着伟大，因而他们总是对最高尚、最伟大的作品吹毛求疵。他们不能辨别什么是儿童般的幼稚无知，什么是儿童般的天真烂漫与坦率单纯。真、美与伟大总是拥有孩子般的坦率单纯，而且会永远清新、年轻下去，增添人们内心的幸福感。

伟大的人总是很善良的人，而且他总是非常简朴，生活在善良之中。他内心纯洁安宁，能够呼吸到清新空气。

一个人若想成为伟大的人，但愿他先学会做一个善良的人，而不要想着靠追名逐利成为一个伟大的人。如果一个人整日只知道追名逐利，那么他到头来不会有任何伟大的成就；如果一个人不求显赫的名声，不求"成为不可一世的人物"，而总是默默无闻地履行自己的职责，那么他必将跨入伟大者的行列。"想成为不可一世的人物"，这种欲望，原本就是微不足道的，是虚荣心的表现，也是自我炫耀的表现。

正因为内心的卑微思想在作祟，人们才愿意时常寻求并热衷于获得权威的力量。真正伟大的人则从不依仗权威，从不独断专行，因而那些真正伟大的人反能成为后人信赖的权威。追名逐利的人只能迎来一朝失去人心的结局，那些淡泊名利、不怕失去的人却往往能赢得世人的尊崇。追求简朴、高尚、不受个人情感影响的自我，那你必将成为一个伟大的人。

忘掉自私自利的自我，安心依靠光明磊落的自我，那么你将拥有永恒的生命，并获得美好的人生体验。实际上，每个人从一出生就有自己的气场，只要沉浸其中，细心体会，就能发现它的力量。这一点，当你在工作中忘掉自己的时候，感觉会非常强烈。

你打算写一本翔实生动的传世之作吗？那你必须首先忘我地投入生活中，用你的气场去捕捉生活的气息。你必须获得丰富的人生经历，认真体验并领悟人生中的快乐与痛苦、高兴与悲伤、胜利与失败，这些都是你从书本中、从老师那儿学不到的东西。你必须仔细审视你的人生，审视你的心灵，必须踏上自省之路，成为一个有自知之明的人。把这一切都做好了，随后，再开始写你的书吧！这样，你的书必定富有生命力，而且它应该不仅仅是一本书。但愿你的书首先能够走进你的人生，随后你便可以用它来指导你的人生。

你想写出一首不朽的诗吗？那你必须首先把诗融入你的生活，必须很有节奏地去思想、去行动，必须在你内心找到能产生灵感的永不枯竭的爱的源泉。随后，你就能毫不费力地写出不朽的诗篇了。正如花儿会在树林和田野里自然开放一样，美丽的思想也会在你的心田里自然地发芽、成长，你的思想之美在被你用文字记录下来之后，它便能够征服他人的灵魂，让他们感受到你体验的幸福。

你打算创作一首能给世人带来欢乐、并能陶冶世人情操的乐曲吗？那你必须让你的心灵崇尚那种传世乐曲中表现出的完美和谐，你必须认识到，你自己、你的人生和整个宇宙都是音乐的化身，你必须拨动生活的琴弦，必须明白音乐无处不在，必须懂得它是人类思想的精髓。如果你能做到这些，那么你必定能创造出不朽的乐曲。

你打算教导世人吗？那你必须先做到忘我，让自己融入这个世界中，必须懂得人心本善，人心圣洁，必须用爱来指导自己的人生，必须爱所有的人，你的眼看不见邪恶，思想上没有邪恶，内心也不迷信邪恶。如果你能做到这些，即使你不去宣讲自己的理念，你做出的每一次行动都会充满力量，你说出的每一句话都能够成为金玉良言。你纯洁的思想与无私的行为，会世世代代地流传下去，会教导不计其数的有远大抱负的人们。

一个人倘若选择了善，而且甘愿牺牲自己的一切，那么他一定会获得自己需要的一切。他能够成为最好物品的拥有者，能够与最高尚的人沟通，能够跨入伟大者的行列。

毫无瑕疵、十全十美的伟大早已超越了一切艺术成就，它是完美之善的显现。因此，最伟大的灵魂总是能传递出不朽的思想。

阅读标签

1. 每个人一生中所做出的各种各样的活动，实际上都根植于一个共同的发源地——人的内心，所有的行为都会从这个发源地不断地汲取养分。

2. 很多问题的最终原因就在人们的内心，而一旦找到了真正的原因，人们所碰到的所有问题便可迎刃而解。

3. 在没完没了的激烈竞争中，人们的心灵变得非常疲惫，在这种最疲惫的时候，心灵的需求也是最大的——谁的心灵获得了最充分滋养，谁沿着正确道路做出不懈努力之后所获得成果就最大。

4. 倘若一个人对自己高标准、严要求，但又不苛求他人做到尽善尽美，那么他就能发现一条走出倾轧争斗怪圈的道路，能够彻底摆脱争斗带来的一系列负面影响，能够超越竞争定律，抛弃一切邪恶，获得无私的爱所赋予自己的无限幸福。

5. 最伟大的心灵，必定是最温和的心灵。真正伟大的人从不依仗权威，从不独断专行，因而那些真正伟大的人反能成为后人信赖的权威。

6. 一个人若想成为伟大的人，但愿他先学会做一个善良的人，而不要想着靠追名逐利成为一个伟大的人。如果一个人整日只知道追名逐利，那么他到头来不会有任何伟大的成就；如果一个人不求显赫的名声，不求"成为不可一世的人物"，而总是默默无闻地履行自己的职责，那么他必将跨入伟大者的行列。

歇一歇
等等幸福

气场修炼不可不知的真相

　　幸福与人生形影相伴，就像快乐与无私，它们原本就是一对形影不离的好朋友。那些心中有爱的人不会把自己该做的事视为人生的负担与拖累。

　　如果你总说周围的一切处处与你作对，其实你应该知道，周围与你"作对"的一切恰恰是最需要你伸出援手的地方。

　　这个世界急需的，是我们的欢笑与幸福，因为它们实在太珍贵。我们可以奉献给这个世界的最好东西，正是美丽的人生与美好的品格。

　　仅靠满足欲望来获得的那种幸福感，是十分短暂的，也显得虚无缥缈，而且，当短暂的幸福感消失之后，随之而来的总是更大、更难满足的欲望。

　　你最幸福的时刻，往往是你能够无私地奉献出自己一颗爱心的时刻。

请永远保持一种高尚、善良的品格，请在头脑中只保存纯洁、温和的思想，这样一来，你在各种境况下都能获得幸福、快乐——这种品格与人生交相辉映的美丽，应当是所有人追求的目标，尤其应该成为那些希望减少这个世界上的悲伤的人们所追求的目标。

　　任何人，如果想让自己摆脱不温和的性情、不纯洁的内心和不幸福的现状，如果他想依靠某种理论或宣传就能让这个世界充满幸福，那他就大错特错了。

　　那些每天苛刻对待别人，满心都是不纯洁的欲望，自感不幸福的人，其实是在日复一日地增加这个世界里的悲痛；而那些每天都生活在善意之中，常感幸福的人，则在日复一日地增加这个世界里的幸福快乐。

快乐和无私是形影不离的好朋友

有一位女性，她勤勤恳恳地操持着一个大家庭的生活。她每月只能挣些微薄的工资，而她还必须控制家庭中的日常开销，努力避免出现入不敷出的情形。她每天洗衣、做饭，面对各种家务毫无怨言。此外，她还会抽时间去照顾生病的邻居，鼓舞邻居坚强面对疾病，并规劝邻居避免他们陷入债务之中。她从早忙到晚，却一直心情舒畅，从没抱怨过自己"艰难的处境"。她之所以能够一直保持愉快心情，无非因为她的善良、乐观与助人为乐。她一想到自己的辛勤劳动能给别人带来莫大的幸福，就会感到由衷的高兴。

倘若她整天都在琢磨自己辛勤劳动却难有休息时间，更不可能有休假，也不能享受美味的食物和华丽的衣饰，更不用说像一个养尊处优的贵妇人那样过着舒适安逸的日子了，那么，她自然会觉得自己是天底下命运最为悲惨的人。

如果她真的这样想，那她所做的工作是多么让人难以承受呀！每一项细微的家务，都会像一块挂在她身上的沉重石块，她会被这些石块压得直不起腰来。在这种情形下，如果她不能改变对待工作的态度，不能走出自

私自怜的泥淖，她的精神很快就会垮掉。可实际上，她并没有成为自我欲望的俘虏，她的心中并没有产生自私自怜的念头，因此，尽管她每天从早忙到晚，但她依然不知疲倦，依然非常快乐地生活着。

幸福与人生形影相伴，就像快乐与无私，它们快乐与无私原本就是一对形影不离的好朋友。那些心中有爱的人不会把自己手头的工作视为令自己生厌的负担与拖累。

接下来我们开始讲述另一位女性的故事。

这位女性的收入非常丰厚，过着奢侈豪华的生活。她平时拥有许多闲暇时间。在面对一些需要奉献爱心的服务工作时，她总是希望能把这些工作推掉不做。当她确实无法推掉这些工作，不得不牺牲一点儿个人享乐时间、牺牲一部分私人金钱来做它们时，她立即感到愤愤不平，觉得自己遭受了莫大的委屈。由于她的内心充满了永远无法满足的欲望，因而她不断地抱怨自己遭遇了"非常艰难的处境"。要知道，难填的欲壑和自私自怜原本就是一丘之貉。在那些彻头彻尾的利己主义者的眼中，任何劳动都无法让他们体验到快乐。

以上所讲的两位女性所处的境况有着天壤之别（现实中，这类有着鲜明对比的例子比比皆是），究竟哪一种是"难挨的"处境，哪种是能令人获得满足感的处境？其实，二者之中没有一种境况是难挨的。如果身处这两种境况中的人们心里充满了爱，能够做到爱人如爱己，那么他们都能过得很幸福；如果身处这两种境况中的人们都缺乏爱心，都只顾算计一己之利，那么他们都会觉得自己生不逢时，进而感到苦恼不已。由此可见，幸福与不幸的根源，其实在每个人的内心深处，而不是存在于每个人的人生境况中。

什么东西会给人带来痛苦？什么东西具有严重的危害性？什么东西令人烦累不堪？狂热的激情会给人类带来痛苦，愚昧具有严重的危害性，自私会令人烦累不堪。

> 当我们的思想与行动告一段落时，
>
> 无比黑暗的自私便会非常露骨地指出：
>
> 人应该哭泣、流血、悲伤。

请把狂热的激情、愚昧的观念和自私自怜从你的思想与行为中清理出去吧，这样一来，你将能消除自己人生中的苦难。所谓"放下包袱"，就包括要"放下"内心的自私自怜，并用纯洁的爱取代它们。如果你能把发自内心的爱投入到工作中，那么你必能从工作中体验到轻松与愉悦。

头脑中的无知只会给人带来负担，并会为主人带来具有惩罚性的后果。世上没有哪个人注定要背上重压。一个人内心的悲伤，并不是由外人强加上去的，这些东西都是自己添加进内心的。理智是头脑中的一位英明的君主，但当他的王位被狂热的激情篡夺时，头脑会便呈现出混乱状态。因此，如果你现在只愿意追逐享乐，那么你以后必将承受重压与苦恼。究竟何去何从，全看你自己的选择。

即便你已经被狂热的激情包围了，并且你还感到孤独无依，你也仍然可以靠自己的努力来摆脱狂热的包围。俗话说，解铃还需系铃人——你在哪儿把自己束缚起来的，你就应该在哪儿使自己获得解脱。如果因为不慎，你一步步沦落到了目前的境地，你同样可以一步步地让自己东山再起——你可以恢复理智，抛弃狂热的激情。

在你还未品尝到苦果的时候，你还有做出正确决断的机会，一旦你得到了错误行为的后果，那么，你心里所有自私自利的想法，以及随之而来的所有抱怨、牢骚和悲叹，都应该被清除掉。**当一个人怀着满腔爱心，明**

智地承担自己的责任的时候，这些责任便不再是"不可承受之重"了。

如果一个人满脑子装的都是自私自利的想法，那么他总会觉得自己应该履行的责任不仅沉重，而且还让人难以忍受。但我们的建议是，如果你感觉你的境况"很不好"，那你可以通过增强自身的抗压能力来应对它们。

压力之所以存在，是因为你自身存在一些弱点。在你的弱点被克服之前，压力不会有任何改观。这时，与其抱怨不休，你不如庆幸自己拥有变得更强大、更智慧的机会，这样你就会发现，那些不幸原来是幸福的另一面。

对于真正的智者而言，没有哪种人生境况是难以承受的。如果一个人的内心充满了关爱，他不会因为任何一件事情感到苦恼不堪。

和你作对的，恰恰是你该援手的

有的人尽管读了很多年的书，可谓满腹经纶，然而如果他没有学会如何做一个温和、宽容和关爱别人的人，那么他并没有获得多少真知。这是因为，正是在一个人成为温和、宽容和关爱别人的人的过程中，他才能够掌握深奥、正确、经得起时间检验的人生课程。一个人面对外部世界里各种各样的悲伤和痛苦，若能一直保持温文尔雅的姿态、光明磊落的言行，就足以表明他拥有一颗被自我完全征服的心，他已经掌握了世上的伟大智慧与真理。

一颗幸福、甜美的心，是人生经历与聪明智慧的成熟之果，它散发着浓郁的芳香，充满着巨大的影响力，能够让周围的人更加快乐，能够让这个世界更加纯洁与幸福。所有想要这种成熟之果，却未能得到它们的人，完全可以从眼下开始做起。只要下定决心，不断努力，终究能够成为有尊严的、堂堂正正的人，过上幸福美好的生活。

如果你总说周围的一切处处都在与你作对，其实你应该知道，周围与你"作对"的一切恰恰是最需要你伸出援手的地方。所有那些让你失去甜蜜生活和内心平静的外部事件，正是你能够获得不断成长的必要助缘。你只有通过遇到它们并战胜它们，方能学有所得，不断成长，收获硕果。说白了，对错都在你的一念之间。

能够感受到生命里纯粹的幸福，说明你的内心是健康的。所有的人，如果能够纯洁、无私地生活着，谁都能轻易拥有纯粹的幸福。

用好心去对待所有的人，

让刻薄与邪恶无立足之地，

让贪婪与愤怒无处藏身，

这样，和煦的春风才能轻拂你的脸颊，

让你收获生命中的惬意与甜蜜。

纯洁与无私的生活，你难以做到吗？如果你止步不前的话，烦恼与不幸将继续纠缠你。为了获得纯洁与无私的生活，为了在不久的将来能够实现它，让自己进入一个无限幸福的思想境界吧，你必须拥有坚定的信仰、强烈的渴望和毫不动摇的决心。

失望、焦躁、抱怨、指责……所有这些负面情绪都是思想上的毒瘤、精神上的疾病，它们都是错误心理状况的外在表现。因而在这上面遭受痛苦的人们，需要很好地矫正他们的思想与行为。

这个世界存在许多罪恶与不幸，这一点无可否认，但正因此，我们就需要具有关爱与同情，拒绝痛苦与悲伤——因为后者已经太多了。**这个世**

界急需的，是我们的欢笑与幸福，因为它们实在太珍贵。我们可以奉献给这个世界的最好东西，正是美丽的人生与美好的品格。离开了这种奉献，人们所做的其他一切改良世界的努力都是徒劳的。这种奉献是人之所以为人的最可贵之处，因它持久、真实且永不褪色，因它几乎涵盖了所有的快乐与幸福。

不要悲观地驻足于你周围的那些错误领域，不要再怨天尤人，不要再对他人的不足表现出十二分的反感，请走上一条没有任何错误、没有任何邪恶的人生道路吧！

如果你想让他人真诚待你，首先你自己应当表现出真诚；如果你希望这个世界从悲惨与罪恶中解脱出来，那么你自己首先应当从悲惨与罪恶中解脱出来；如果你想让自己的家园和四周环境都洋溢着幸福的气息，那么你就应该首先做个幸福的人；如果你愿意改变自己的话，你就有可能改变你周围的一切。

> 不要悲泣、不要哀叹，
> 不要在抱怨连连中浪费美好人生。
> 也不要对作恶者咆哮，
> 只需不断歌唱善者的美好。

承认不幸来自自己，你就摸到了天堂的大门

人们都渴望获得幸福，而实际上并不是每个人都能够体验到它。

大多数人都希望自己能够发财致富，他们认为物质财富能够为他们带来持久的幸福。许多过着纸醉金迷生活的人，则在空虚与无聊中打发光阴，他们的幸福感有时候远远不及吃着粗茶谈饭的人。

如果我们能对诸如此类的事情进行认真思考，就能意识到，一个人仅仅依靠占有大量的物质财富，是不能获得真正的幸福的；一个人如果缺乏物质财富，也绝不意味着他与幸福彻底无缘。因为如果不是这样的话，我们应当看到穷人永远过着悲惨的生活，而富人永远过着幸福的生活。实际上，在现实生活中，情况绝非这样。

在我认识的那些生活得非常不幸的人中间，有相当一部分人拥有大量的钱财及奢华的住宅，而在我碰到的过得非常幸福的那些人中间，有相当一部分人勉强拥有日常生活的必需品。许多积累起大笔财富的人曾坦诚地告诉我，在获取财富过程中养成的自私自利与贪婪无度，劫走了他们对幸福的感受——他们再也不能像自己贫穷时那样过着充实知足的生活了。

那么幸福究竟是什么呢？如何才能获得幸福呢？难道幸福只是我们臆造出来的事物，是一种幻觉吗？

经过细致的观察及认真的思考，我们能够发现，除了那些已经踏上智慧之路的人们，其余几乎所有的人都坚信——满足欲望就能获得幸福。正是这种根植于无知土壤、并不断地被自私之水浇灌的信念，造就了这个世界里所有的不幸。

我并没有把"欲望"这个词的意思局限于动物层次的渴求，它应该被延伸到更高层次的心理世界。在那儿，潜伏着，破坏力更大、更诱人，但毒性更大的欲望，就是它们剥夺了人们内心的美丽、和谐与纯洁。要知道，内心的美丽、和谐与纯洁恰恰是感悟幸福时所必需的。

大多数人都承认，自私是这个世界里一切不幸的起因，然而他们却总

是走入一个自我破坏美好心灵的误区——他们想当然地认为，破坏世界的自私来自于他人，而不是他们自己。但事实是，倘若你能心甘情愿地承认，你身上所有的不幸都是由你自己的自私造成的，那么，你离天堂之门便不远了；倘若你坚持认为，是他人的自私夺走了你的幸福与欢乐，那么你就永远是一个自我囚禁的可怜虫。

欢乐与平静的情绪可以传递出内心的满足感，而幸福则是那种满足内心状态带来的情感体验。**仅靠满足欲望来获得的那种幸福满足感，是十分短暂的，也显得非常虚无缥缈，而且，当短暂的幸福感消失之后，随之而来的总是更大的、急需满足的欲望。**

欲望就像一望无际的大海，用"欲壑难填"来评价它是非常贴切的。当前的欲望得到满足之后，更大的欲望会立刻紧随其后出现。欲望会让走入误区的主人不停地为其提供服务，直到让其主人的身心备受打击，并被卷入心灵的磨难中。

欲望犹如地狱，那儿各式刑具一应俱全；消除欲望之后，我们犹如迈进了天堂的大门，所有的欢乐都在那儿翘首以待。

幸福是越分越多的

我曾经借助无形的力量，给我的灵魂送去了一封关于来生的信。后来，我的灵魂走到了我的身边，并在我的耳边悄悄地说："我既是天堂，也是地狱。"

身处天堂还是地狱，这不过是一种内在的心灵状态。倘若你沉溺于欲望，只知道拼命攫取利益，获得自我满足，那么你实际上早已堕落到了地狱中；如果你的内心拒绝受到欲望的主宰，能够达到重义轻利的境界，那么你实际上已经步入了天堂。

欲望是盲目、没有方向感的，它不具备真知，而且总会导致苦难。正确的感觉、毫无偏见的判断及真知，只属于神圣的心灵，只有当你真正进入这种状态时，才能认识到什么是真正的幸福。

如果你抱着一种非常自私的态度追求个人幸福，幸福就会远远避开，你以后收获的必将是悲伤的果实；如果你能做到公而忘私、舍己为人，那么幸福就会降临，你就能收获美好的人生。

在关爱他人，而非等待他人关爱的过程中，你的内心将获得极大的满足；在给予，而非在索取的过程中，我们能够发现真正的人生追求。无论你渴望什么、需要什么，你首先应该做到给予，只有这样你的心灵才能得到慰藉，你的人生才充满意义。

抱定欲望不放，你就等于抱定悲伤不放；懂得割舍欲望，你就能走进平静祥和的世界。只知道自私地去寻求一己之利，你不仅会失去幸福，而且还会丧失幸福的源泉。获得幸福的方法是给予，而不是争夺，你给予这个世界越多，这个世界就给你越多的幸福。

我们不妨拿一些贪恋美食的人做例子。这些人为了满足他们永不知足的胃口，不停地去寻找新的美味佳肴。然而，到头来，吃饭对他们来说反而成了一种负担，无论吃什么食物都提不起兴致。那些能够控制自己食欲的人，是不会在食物上贪得无厌的，他们也从来不会想着在食物中孜孜不倦地寻求乐趣。其结果往往是，哪怕他们的饭菜非常简单，他们也能吃得津津有味。

在那些自私自利者眼中，所有的个人欲望获得满足时他们就会得到幸福。然而，当他们绞尽脑汁地满足了自己绝大部分的欲望时，才发现，欲

望满足之后总会出现失落与悲伤。的确，"只为自己幸福着想的人将失去幸福；为他人的幸福着想的人，将得到幸福。"

只要你愿意走出自私自利的泥潭，乐于给予，那么幸福就会降临到你身边。当你心甘情愿为了他人的利益与幸福，毫无保留地奉献自我时，你将会发现，对你来说，看似痛苦的损失与付出，最终被证明是至高的收获与回报。有了给予，才有收获。乐意奉献，甘愿付出，这的确是人生的幸福之道。

能够怀着一颗舍己为人、自我牺牲之心的人，不仅能拥有至高无上的幸福，而且可以达到不朽的境界，因为他意识到了的真理。想更好地理解这一点，你不妨回顾你的人生，你就会发现，**你最幸福的时刻，往往是你能够无私地奉献出自己一颗爱心的时刻。**

从精神层面上讲，幸福与和谐有着同样的含义。和谐是伟大法则的一个阶段，这个阶段在精神上的表述就是爱。所有的自私心态实际上都是不和谐的，自私自利在本质上就与幸福背道而驰。

这个世界上许许多多的人，都在匆匆忙忙地追寻幸福，但由于他们行动盲目，所以一直未能找到。沉痛的教训及认真的反思，可以使他们认识到，幸福其实就在他们自己的心中，与他们常年相伴，并充满着整个宇宙。但他们由于怀着自私自利的心，所以不论如何努力都没有找到幸福。

　　为了拥有幸福，我不断地追求着她。

　　我爬上了高高的橡树，攀着摇摇晃晃的常春藤，只为追上她，但她飞快地逃掉了。

　　我穿过峡谷，走过田野及草地，走到了一条小溪旁。为了能够追上她，我顺流而下，然而仍然不见她的踪影。

我不死心，登上陡峭的悬崖，又漂洋过海，然而幸福总在躲着我。

身心疲惫的我不得不停止了对幸福的追求，灰心丧气地坐在荒凉的河岸边。

一个流浪者走到我的身边乞讨食物，另一个乞丐走过来请求我给予施舍。

我把面包和金子分别放在这两个人干瘦的手掌中。

不断有人走过来寻求帮助，他们希望在我这里得到安宁，我尽己所能地满足了他们的需求。

就在这时，幸福突然降临到了我的身边，在我耳旁甜蜜地轻声呢喃："我是你的了。"

伯利斯所写的这段优美的文字，道出了获得幸福的秘诀——牺牲个人利益，抛弃那些华而不实的东西，你就能够获得永恒的幸福。狭隘的自我欲望，让自己所做的一切都围绕在一己之利的身旁。倘若你能摆脱这种狭隘的自我欲望，你就能够与天使同行，沐浴着爱与幸福的阳光。

只要你能做到关心他人疾苦、乐于助人，那么幸福就一定会把你从悲伤与苦难中拯救出来。

第一步，树立一种良好的思想；

第二步，讲出温暖贴心的温柔话语；

第三步，采取良好的行动。

依靠这三步，我就进入了天堂。

　　如果你还没有意识到这种无限幸福的可贵，那你可以试着努力献出自己无私的爱，这样你的人生必定会渐渐得到改善。人生抱负或美好的愿望是促使你上进的力量，它们能让你发现心中的神圣资源。在那儿，你可以获得永久的满足。一旦心中有了远大的抱负，欲望的破坏性力量反倒会被转化为前进的能量。

　　树立远大的抱负，就意味着要努力摆脱无边欲望的束缚——俗话说得好，想得到别人没有的，那你就必须付出常人不愿意付出的。靠着远大理想摆脱欲望的束缚，你所能获得的人生价值不可限量。

　　倘若你能够走出自我欲望的阴影，一个一个地剪断束缚你的欲望锁链，那你就能够体验到奉献后得到的欢乐。这种奉献后的欢乐与索取后的失落形成了鲜明的对比——你可以奉献你的物质财富，可以奉献你的聪明才智，可以奉献出你的一片爱心。随后你便能真正懂得"奉献远比索取更让人感到幸福"这句话的正确性。值得一提的是，奉献行为必须发自没有被任何自私污染的内心，奉献的前提是不图任何回报。

　　付出纯洁之爱后收获的礼物，通常都是幸福。如果你在做出奉献之后，因为没有受到别人的感激，没有被人恭维，或你的名字没有被登在报纸上，你就觉得遭受了损失、受到了伤害的话，那么你应当清醒地认识到，这是你的虚荣心在作祟，你的所思所想并非出自你的爱心。如果奉献的目的是为了得到，实际上这并不能被称为真正的奉献，它只能被称为一种披着美丽外衣的变相索取。

　　全心全意为他人谋福祉，心中只想着无私奉献，不图任何回报——这是获得无限幸福的秘诀。时刻对自私的欲望保持警惕，认真学好自我牺牲这一课，你就能爬上幸福的山峰，永远沐浴在快乐的阳光下。

所谓包袱，不过是你的抱怨

我们听过许多关于"放下包袱"的言论，我们也阅读过很多有关"放下包袱"的文章，但我们很少听说或不太清楚"放下包袱"的最佳途径。但不管怎样，有"包袱"还是放下最好，保持轻松、愉快的心情，在人生道路上迈着轻快的步子前行，这不是一件美事么？为何一定要让自己背上沉重的心理负担，在人生道路上艰难跋涉呢？

在现实生活中，人们除了把某件物品从一个地方扛到另外一个地方外，根本没必要再给自己的肩膀加上任何负担。人们不需要肩负永久的重担，把自己视为一位为了实现理想需要不断遭受痛苦折磨的人。既然如此，你为何不尽快抛弃你的负担，消除你的悲伤，并借助抛弃负担后给自己带来的轻松感体验幸福，进而给这个世界带来更多的幸福呢？背上扛着令人忧伤的负担辛苦地生活，毫无道理可言，也毫无逻辑可讲。

在物质世界里，一件物品只有在必要的时候才会被人们从一个地方扛到另一个地方；在精神世界里也一样，一个人只有为着某个良好而必要的目的，才会肩负精神负担；而且一旦这个目的被实现了，他当然应该及时卸掉那个精神负担。这样看来，他心里的那个精神负担并非悲伤之源，而是获得快乐的种子。

我们时常说，某些修苦行的人通过自我折磨的方式对身体或欲望进行过分的束缚，其实这是没有必要的，也是徒劳无益的。

会给人们带来不幸与悲伤的负担在哪儿呢？或者说，那些妨碍我们获得幸福的包袱在哪里呢？

其实这样的负担根本是不存在的，因为所谓的包袱不过是你的抱怨。

如果某件事情有做的必要性，那就开心、积极地去做它，内心不要

有丝毫的怨恨与悲叹。具有最高智慧的人，能够快快乐乐地对待"必要性"，只有最愚蠢的人才会把"必要性"视为敌人，并企图逃避那些很有必要去做的事情。

我们生活在世间，生活中一定有自己必须去履行的义务，如果我们对这类义务漠然处之，那么它们只会成为我们沉甸甸的负担。

一个人倘若对自己必须去做的事情抱怨不休，并在做它们的时候敷衍了事，同时心里还惦记着享乐，那么他到头来只能承受悲伤与失望鞭子的抽打。他的所作所为相当于给自己强加了厌倦与不安的沉重负担，结果只能因为遭受"包袱"的重压而不断呻吟。

> 让自己追求更加美好的一切，
>
> 让自己展翅高飞，
>
> 掀开你人生中崭新的一页；
>
> 歌唱善良和真诚，
>
> 歌唱正确最终能够战胜错误；
>
> 为自己谱写一曲更加甜美的歌。
>
> 抛弃你的怀疑、忧虑与痛苦，
>
> 过上快乐、幸福的生活；
>
> 在人生的旅途中披荆斩棘，
>
> 创造属于你的幸福未来。
>
> 放声歌唱吧，
>
> 现在就引吭高歌！

在我们的人生中，假如有些事情是必须要做的，我们就应该愉快且努力地做好它们。尽管我们在人生旅途中肩负着很多重大的责任，但我们完全可以不把它们看成任何令人烦恼或忧伤的负担。

如果你声称某件事情（某项职责或某项义务）让你苦恼不已，成了你难以摆脱的负担，你心里总想着："既然已经碰上了这种事情，那就只能把它做完，但它确实是一项繁重而又令人厌烦的工作。"这种思想只会给你带来无尽的烦恼与厌倦。实际上，究竟是这件事情本身让人难以承受呢，还是一直在内心徘徊不去的那种自私自怜让人难以承受呢？

实际上，所有的精神负担皆源自内心，而被我们视为给自己带来负担的那些事情，其实就是我们想获得解脱所要迈过的第一道障碍。在我们不停诅咒的一项工作里，很可能缊含着我们努力追求的真正幸福，但由于没有意识到这一点，我们的行为会令我们与幸福失之交臂。

万事万物都是我们自己内心的一面镜子，我们可以从中看到自己的影像。我们在工作中感到忧郁，只是我们融入工作之后的那种心理状态产生的影像。如果我们带着一种正确、无私的心理状态融入工作，情况就会发生转变——原先那种忧郁转瞬间便会烟消云散。**我们带着什么样的心情面对事物，事物就会反射出什么。**

只要树立了正确而无私的思想，我们就可以获得力量、获得幸福。举个例子，你在照镜子的时候，是愿意板着脸，抱怨镜子扭曲了你的良好形象呢，还是愿意笑容满面地对着镜子，以便能看到一张赏心悦目的面孔呢？

如果做某件事情是正确的，且很有必要，那么你好好地面对它肯定是明智之举，并且在顺利完成这件事之后你也会收获一种良好的成就感；只有当你企图逃避它时，你才会认为它是令人厌烦的负担。自私自怜的想法，会让你在心里放大做这类事情的困难，你会越加讨厌做它。

但是，如果有的事情既不是正确的，你又没有做它的必要，你只是为了满足自己贪婪的欲望而硬要去做它，这肯定是愚蠢之举，只会给你带来更多的苦恼。

如果你逃避自己应尽的义务，就等于是在驱赶能给你带来快乐的天使；你不顾一切地拼命追求个人享乐，就等于是在迎合你的敌人。愚昧的行为啊！何时我们才愿意回头，做一个聪明人呢？

苦难只是穿越了一次辉煌

倘若某个人感慨万千地说："如果没有家庭的拖累，如果没有家人带来的沉重负担，那我肯定能够成就一番伟大的事业。如果我在很多年前就能够明白这个道理的话，我是根本不会结婚的。"那么，我只能很遗憾地说，这样的人其实并没有走上真实、平坦的智慧之路，他根本没有摆脱愚昧。我们不能说这个人是幸福的，他把幸福的源泉之一，家庭，看成了累赘，他看不到幸福，也就追不到幸福的。从幸福的角度说，他给幸福设定了太多的条件。

无条件地去爱，幸福才会向你无条件投降。倘若一个人在内心深处强烈地爱着自己周围的人们，以至于他愿意为了他们的幸福付出努力，那么他总能在当下，在他所处的境况中，做出一番让人赞叹的事儿。他的家中一定会充满爱，无论他走到哪儿，他都会带去美好、甜蜜与安详，他能够让生活在他周围的人们感受到幸福，并让一切事物往好的方面转变。

只有伟大的人才能胜任伟大的工作。**一个伟人无论在哪儿，都会表现得很伟大。**当他着手做自己手上的工作时，无论他处于什么样的境况中，他都能义无反顾地把它们做好。

如果你愿意为了实现爱己及人的目标而努力工作，你愿意全力帮助他人，那么你应该先从自己的家中做起——帮助你自己、帮助你的另一半，帮助你的孩子，帮助你的邻居。**你只有诚心诚意地从点滴开始做起，才能一步步做出伟大的事业。**

如果一个人多年来一直过着挥金如土、纸醉金迷的生活，那么从事物发展的规律来看，他犯下的过错会日积月累，最终成为压在他身上的沉重的负担。但是，在没有深切感受到这一沉重的负担之前，他是不舍得放弃它们的。他不会仅仅为了走上别人认为的"正确的人生道路"就幡然悔悟、浪子回头。倘若他在品尝到自己种下的苦果之后，反而把自我造就的负担视为命运赐予他的考验，或者视为命运、境况对自己的不公正待遇，那么他将变得更加愚昧无知。他的这种指鹿为马的思想，无异于自己给自己增加负担，进而招致更多的痛苦与悲伤。

这样的人，只有当他彻底认清真相，清楚地意识到他的负担都是自己给自己强加上去的，都是他自己长时间为所欲为造成的结果，他才能放弃自怨自艾，找到卸掉负担的最好途径。只有当他睁大眼睛，看清自己的每一种思想与行为，都是用来建造自己人生殿堂的每一块基石，他才会努力提高自己的洞察力，以便能认清自己的现状，承认自身存在的诸多缺点，并且竭力改正它们，奔向幸福的生活。

在现实中，只要我们内心缺乏关爱与智慧，痛苦的精神负担就难以避免。

幸福的宫殿坐落于苦难与羞辱的庭院之外，虔诚的香客若想到达那个宫殿，就必须穿越苦难与羞辱的庭院。香客会一度在苦难与羞辱的庭院里徘徊不前，而且由于他没有认清真相，便会误以为自己已经进入了幸福的

宫殿。倘若他依然自私自怜，那么他仍将置身于苦难的深渊中。然而，一旦他把最后一件自怜的破衣服丢掉后，他就会领悟到，苦难只是一种途径，而非一种目的。绝望则是一种自我杜撰出的心理状况。随后，他会迷途知返，用正确的思想武装自己的头脑，找到正确的道路，迅速穿越苦难与羞辱的庭院，进入幸福的宫殿，感受到幸福宫殿里的平静与祥和。

苦难的根源是不完美，它的标志是不完善。因此，苦难是可以被摆脱的。它产生的缘因是可以被发现、被认识、被了解，并被永远消除克服的。

能够认清以上这些情况，我们就可以穿越苦难的沙漠，步入平安的绿洲。但愿遭受过苦难的人们不要忘记，**苦难只是一次"穿越"旅途，是一条通道，而非一个目的地，**只要我们愿意，只要我们锲而不舍地前行，就终将战胜苦难，到达宁静之地。

当负担一点一点地被累积起来后，在不知不觉间，它就变得越来越沉重，越来越令人难以忍受。一次不加思考的行动、一次自我放纵、一次盲目的狂热举措，头脑中产生的一个不纯洁的念头，嘴里说出来的一句让他人伤心的话……一次次重复做出的愚蠢的事情，经过日积月累的沉淀，它们最终成了让人难以承受的重负。

在最初一段时间里，由于重负较轻，人们可能常常感觉不到它的存在，但随着它一天天地长大，人们终有一天会感觉到它无比沉重的力量。错的果实不断地被积累，人的内心就会被越来越多的烦恼所包围。当一个人对这些心灵负担忍无可忍的时候，但愿他能首先审视自身，能够努力寻找放下包袱的良好途径。一旦找到了这条途径，他将汲取能让自己收获美好人生的力量，培养能让自己过上甜美生活的纯洁思想，找到能让自己过上高尚生活的关爱。只要他能清醒地意识到，是自己以前的错误行为导致了肩上的负担不断增加，那么他就有下决心与那些错误行为彻底告别的可能。这样一来，只要他愿意，他必将活得心情舒畅、轻松自在。

> 摆脱世俗的束缚，
> 跨越人生的坎坷。
> 这个蓝色的星球美丽无比，
> 我非常热爱它。

幸福气场的特质就在于，它没有任何负担，因为有幸福气场的人从不抱怨，从来不把苦难当做苦难，所以，幸福的气场才能不断吸引幸福和好运。

阅读标签

1. 那些每天苛刻对待别人，满心都是不纯洁的欲望，自感不幸福的人，其实是在日复一日地增加这个世界里的悲痛；而那些每天都生活在善意之中，常感幸福的人，则在日复一日地增加这个世界里的幸福快乐。

2. 快乐与无私原本就是一对形影不离的好朋友。那些心中有爱的人不会把自己手头的工作视为令自己生厌的负担与拖累。难填的欲壑和自私自怜原本就是一丘之貉。在那些彻头彻尾的利己主义者的眼中，任何劳动都无法让他们体验到快乐。

3．一个人内心的悲伤，并不是由外人强加上去的，这些东西都是自己添加进内心的。当一个人怀着满腔爱心，明智地承担自己的责任的时候，这些责任便不再是"不可承受之重"了。

4．有了给予，才有收获。乐意奉献，甘愿付出，这的确是人生的幸福之道。

5．压力之所以存在，是因为你自身存在一些弱点。在你的弱点被克服之前，压力不会有任何改观。这时，与其抱怨不休，你应该庆幸自己拥有变得更强大、更智慧的机会。

6．在关爱他人，而非等待他人的关爱过程中，你的内心将获得极大的满足；在给予，而非在索取的过程中，我们能够发现真正的人生追求。无论你渴望什么、需要什么，你首先应该做到给予，只有这样你的心灵才能得到慰藉，你的人生才充满意义。

Part4
幸福气场修炼之修心

气场是自己一点一点积累出来的，就如人生路，你的人生道路就在自己脚下，每个人的人生道路都是自己一步一步地走出来的。

你做事时应该脚踏实地，从大处着眼，从小处着手，千万不要做一个好高骛远的愚人。同时，为避免重蹈覆辙，你应该及时总结经验教训。

贫困及缺少休闲时间，它们是幸福的另一种形态。它们并非你想象的那么坏，倘若它们真的妨碍了你的进步，那也是因为你自身存在的缺点造成了这样的后果。

没有什么行为，会比自怜更能贬低你的人格、玷污你的灵魂。

索取而不给予，幸福的气场就会变弱。在现实生活中，那些为富不仁者，那些越是富裕就越是无德之人，他们的最终结局总是穷困潦倒。

当你并不富裕的时候，倘若你舍不得用自己身边仅有的金钱行善，那么，即使有朝一日你真的腰缠万贯了，你也依然舍不得行善。

我们通过不断学习与实践，会渐渐认识到一个道理——逆境只不过是不正确的思想及行为在我们人生中投下的阴影。同理，好运与幸福正是我们正确思想与行为的投影。

有了这种认识后，我们便能进一步了解到，世上的一切都包含在永不停息的相互作用的因果规律中，一切事情都有它必须遵循的法则——从一个人最微不足道的想法、言谈，到个体或大众的行为，再到宇宙中天体的运行，都不得不遵循至高无上的因果法则。

既然法则在任何境况中都是适用的，那么违背法则的人就一定会遭受挫折，甚至遭到不可预测的损失。我们每个人的人生境况，都会受到和谐次序的制约。

"一个人播下什么种子，他就将收获什么果实"，这条法则是永恒的真理。没有谁可以否认它，也没有谁可以欺骗它，更没有谁可以摆脱它。这就如同把手往火堆上凑的人，一定会被火灼伤，如果他想通过诅咒或是祈祷的方法使自己免受烧伤，那必然是无济于事的。因为"种瓜得瓜"的农业法则，同样存在于我们的思维王国中。

修炼超然心态的方法

倘若我们能透彻理解放之四海皆准的伟大宇宙法则，就必能获得一种被称为"顺应"的超然心态。

我们不仅应该了解到正义、和谐与关爱法则在宇宙中是至高无上的，而且也应该了解到，我们生活中所有的悲惨及痛苦境况，都是由于我们没有很好地遵从自然法则的结果——以上认识可以很好地协调我们的力量，赢取真正的快乐人生与持久的成功和幸福。

我们无论身处什么样的境况中都应该保持必要的耐心，能把一切外在条件当成锻炼自己的机会，这样一来，你就能摆脱一切痛苦的纠缠——而且，当你摆脱掉它们之后，从此便不必担心自己会重新落入它们所设的圈套中。因为你遵从法则所获得的力量，已经把导致你落入痛苦处境的因素彻底消除掉了。这样一个对法则的遵从者，一定能在自己的人生道路上与法则保持和谐的关系，那么，他想征服的对象，一定会臣服在他的脚下，他所获得的成就一定出类拔萃。

所有激发出我们前进力量的原因，如同所有导致我们出现弱点的原因

一样，都是由内在思想引起的；所有幸福的奥秘，如同所有不幸的奥秘一样，也都是内在思想引起的。如果一个人的内因不能发挥积极的作用，那他就很难在人生中取得积极的进步；如果一个人不能循序渐进地增加自己的知识储备，提高自己的领悟能力，那么他就难以实现幸福或安宁的人生目标。

如果你认为自己受到了所处环境的束缚，你想获得更好的机会，进入更广阔的天地，得到更健康的身体，为此，你认为你不得不在内心不断诅咒束缚你实现自己梦想的命运，那么，以上这些话正是我想对你说的。听着，请允许我的话在你的内心烙下印记，因为我说的都是真理——如果你真的下定决心要改善自己的人生，那么你外在的人生境况便一定可以得到改善。**气场是自己一点一点积累出来的，就人生路而言，你的人生道路就在你自己的脚下，每个人的人生之路是自己一步一步地走出来的。**

我知道，在你刚刚起步的时候，这条道路看上去坎坷不平——通向真理的道路几乎都是如此，如果你能沿着这条道路坚定地走下去，如果你能一直约束自己的思维，改正自己的弱点，勇于释放自己内心深处的精神能量，那么，只要假以时日，你就会惊喜地发现，你的人生已经发生了魔术般的变化。

在你不断前进的过程中，一次次能让你人生变得美好的机会在不断向你招手，你也将获得前所未有的力量，亲爱的朋友们将围绕在你身边——你把他们吸引过来，就像磁铁牢牢吸引住铁一般，无数充满爱心的灵魂将受到你的吸引，你需要的一切外在条件与帮助，都会逐渐成熟。你会发现，你脚下的路会变得越来越平坦。

大处着眼，小处着手

你现在或许还没有解开生存压力的禁锢，或许你现在几乎没有什么朋友，整日形单影只。你急切地盼望压在自己身上的沉重负担能够减轻，然而，重负却依旧，你认为自己似乎掉进了黑暗的深渊中，难以自拔。或许你选择了不停地抱怨，哀叹自己时运不济，你在不断指责自己出生的环境，指责你的父母、你的老板犯下的错误，或者，你毫不客气地认为，让你遭受艰辛，却让他人享受富足与轻松的祸首，正是不公正的命运。

请你停止抱怨，消除内心的烦恼吧！你要明白，以上你所指责的对象中，没有一个是造成你身处艰难境地的终极原因。其实，一切原因就出在你自身，想挽回局面，一切行为都需要你自己来补救。怨天尤人的态度，只会让自己深陷糟糕的处境中，窘迫依旧，而且你抱怨的态度还会说明，你身上缺乏一种信念——一种带来所有努力与进步的信念。

幸福只认识幸福，而报怨只吸引报怨。在法则森严的宇宙中，那些怨天尤人的人是难觅立足之地的，而且，长时间的担忧无异于自己扼杀自己的灵魂。倘若你缺乏正确的心态，那么你就只会让自己身上的锁链把自己束缚得更紧，使自己一直笼罩在黑暗里。

如果你尝试改变了自己对生活的态度，你的整个人生也将随之改变。请坚持用信念和知识武装自己的头脑，请坚持让自己身处更好的环境，拥有更多实现幸福人生的机会。

首先，确保你能够运用最佳的方式对待你所拥有的一切。在现实生活中，**你应该脚踏实地，从大处着眼，从小处着手，不要做一个好高骛远的愚人。同时，你应该及时总结以前的经验教训，否则你极有可能会重蹈以前的覆辙。**

就如课堂上的孩子们在学习下一课之前，必须首先温习上一课所学的课程一样，你在渴望得到更加丰硕的努力成果之前，必须牢牢地把握住你已经拥有的一切。如果我们误用或浪费了所拥有的一切，不管这种浪费是多么微不足道，我们也会逐渐失去拥有它们的资格。

或许你居住在一个小小的房间中，四周所处的环境并不整洁，因此，你渴望拥有一个更大、更洁净的住所。那么，为了使自己将来能配得上这样的住所，你必须首先把自己目前居住的小屋建成一个小小的天堂。

比如，尽量保持屋内的干净与整洁，尽量使周围环境显得一尘不染，尽量让小屋给人一种美丽、温馨的感觉。精心烹饪哪怕很简单的饭菜，整齐地摆放也许并不昂贵的餐具。如果你买不起一卷华丽的地毯，那么就请让你的小屋充满了微笑与欢乐——用良言做钉子，用耐心做铁锤，把微笑与欢乐织就的小毯子牢牢地固定在小屋的墙壁上。这张小毯子，在阳光的照耀下会永不褪色，会长时间地折射出柔和温馨的光芒。

你要想方设法地使你目前的居住环境更优雅，这样你将能超越目前的生活环境，到了合适的时候，你一定会搬到更好的房子中，生活在更优雅的环境里。其实，那些更好的房子与更优雅的环境一直都在默默地等着你，而你，通过不间断的努力，便可以使自己有拥有它们的资格。

或许你渴望有更多的时间进行安静的思考，有更多的个人时间去做自己想做的事。可能你觉得自己工作的劳动强度太大，劳动时间太长，工作对你而言实在不是一件幸福的事。遇到这种情形，你应该仔细审视自己是否充分利用了每一点可以利用的时间。如果你目前在浪费着现有的时间，那么你想得到更多时间的想法就变得毫无意义了，因为即使你真的得到了额外的时间，那也只会让你变得更加懒惰，你的时间观念也会变得更加淡薄。

贫困及缺少休闲时间，它们是幸福的另一种形态。它们并非你想象的那么坏，倘若它们真的妨碍了你的进步，那也是因为你自身存在的缺点造成了这样的后果。你在现实中遇到的挫折，实际上是你自身的缺陷带来的苦果。

你应当通过自己的努力，全面、透彻地认识到，你在塑造自己的心态时，你正是自己命运的制造者。借助自律的能量，你会越来越清晰地认识到这一点，你终将明白，你之前认为的所谓的坏事，完全可以被转化为好事。

你可以利用你的贫困来培养你的耐心、希望与勇气；如果你缺少时间，那么这样的现状完全可以促使你充分规划好现有的每一点珍贵时间，长此以往，你甚至可以养成当机立断、雷厉风行的性格。

这正如杂草丛生的泥土里会开出最美丽的花，在你那被贫困包围的人生之田里，也盛开着美丽的人生之花——哪里有需要克服的困难，哪里有需要改善的的境况，哪里就有芬芳扑鼻的人类美德。

或许你正受雇于一位专横无礼的老板，你觉得自己时常遭到他（她）的粗暴对待。那么，请把这一切当成人生的必修课吧——用温和及宽容回报你老板的不善，请进一步锻炼自己持久的耐心与自制力，充分利用不利的外部条件，使自己在精神力量上获得成长，逐步把逆境转化为顺境。你无声的举动与潜移默化的影响，必定会教育你的雇主，他或她会逐渐认识到自己行为的不当。与此同时，你还能在精神世界中获得长足的进步。有了这种崭新的精神境界，你就能步入更加美好、更加和谐的环境中。

真正能伤害到你的，只有你自己

如果你认为自己社会地位低下，请不要抱怨自己是奴隶的命，请你努力培养自己的高尚品格，逐渐养成良好的行为习惯，这样你就能超越"奴隶"的身份。在抱怨你受到他人奴役之前，请先确保你不是自我意识的奴隶。

把目光转向你的内心世界吧，认真观察这个世界，敢于正视自己的缺点，接下来你就能发现，在你的内心深处，正是奴性思想、那自甘为奴的念头占了主导地位，正是它们让你养成了奴性习惯。想摆脱这种状况，想征服这种奴性思想，就请不要再做自我意识的奴隶，因为没有谁拥有奴役你的力量。当你走出自我设置的局限时，你就能摆脱所有的外在逆境，一切困难都会变得不堪一击。

请不要抱怨你总是受到富人的压迫。你敢肯定自己在跨入富人的队伍后，不会成为一位压迫者吗？切记，有一个永恒的法则在主持公道——今天压迫他人的人，明天一定会受到他人的压迫，在这一点上，没有谁能例外。或许你昔日财大气粗，是一位习惯于奴役别人的人，但将来你必定会尝到自己种下的苦果。只有端正自己的思想，努力培养自己坚韧不拔的意志与百折不挠的信念，让至真、至善的情感永驻心间，你才能一直与好运相伴。而这，也正是幸福气场的核心所在。

一旦你能努力提高个人素养，摆脱自我意识的奴役。抛弃那种"自己正受到别人伤害"或"自己正被他人压迫"的观点，通过更加全面地了解你的内在人生，努力认识到，一个人其实只能被自己伤害，你才能真正改变自己不尽如人意的处境。

没有什么行为，会比自怜更能贬低你的人格、玷污你的灵魂，请抛弃自怜这种行为吧！倘若你坚持让这类"蛀虫"侵蚀自己的内心世界，那你永远也别指望自己的人生会很有意义、大有收获。不要再随意指责他人，也不要再无端指责自己——尽管你的做法、理想与认识还不能达到纯洁无瑕的地步，也难以放射出至善至美的光芒，然而也请你不要对它们妄加指责。这样一来，你才能一步步踏实地走下去，才能在永恒的基石上建造起你自己的人生大厦，使你获得幸福与健康的条件逐渐成熟。

如果你不能消除自己内心自私自利的思想、遇事消极懒惰的思想，不愿意通过自己的不懈努力来培养自己的美德，那么你就永远无法脱离物质或精神上的贫困，甚至于对自己面临的处境无能为力。真正能实现富裕的途径，就是借助培养美德的过程来充实自己的心灵——离开了对美德的追求，人生中的富裕与欢愉都是无源之水。

千万别让财富捆住了你的心灵

当然，我们都意识到了，社会上有一些人的确并不具备美德，而且也没有培养自己美德的想法，但他们还是赚到了不少钱，不过，我们应该看到的是，他们手中大笔的钱并不能让他们过上真正富足、充实的人生，那些靠着邪门歪道赚到手的钱，不仅烫手，而且会给它的主人带来灾祸。

思想家戴维曾指出："最开始，每当我看到恶毒之人发了财，我的心里就满是嫉妒——因为他们生活得很滋润，还能拥有很多别人所没有的物质财富。后来，直到我在思想上获得提升，培养出了自己的美德，我才认识到自己当初所犯的错误——我懂得了真正幸福而充实的人生，并不能靠占有很多物质财富来获得。现在，我已能清楚看到恶毒之人将

来的结局。"

戴维曾对恶毒之人大发横财产生过强烈的嫉妒，然而他在经过一次又一次的考验，并走进了精神世界的殿堂后，终于明白，不能以一个人短时间内的得失来判断他的整个人生。随后，当你再看到不道德的人获得大笔不义之财时，你就能坚持善良的信念毫不动摇，因为你那时必然已经知道：机关算尽了，往往会误了自己的性命。

索取而不给予，幸福的气场就会变弱。在现实生活中，那些为富不仁者，那些越是富裕就越是无德之人，他们的最终结局总是穷困潦倒。就如河里的水终究会汇入大海中一样，为富不仁者所拥有的钱财，迟早会交到不幸者手中。与此相反的是，有些人并没有很多钱财，但他们却富有美德，生活快乐。其实，这样的人才是真正的富有者。

如果你想成为一位真正、永恒的富裕者，那么你首先得培养自己的美德。因此，我们不难看出，把人生目标定为发财致富，并使其成为自己一生的唯一追求，而为了实现这一追求不惜不择手段，则是很不明智的。这样的做法，最终只能令自己遭受损失。倘若你能把人生目标定在不断完善自我上，把为大众提供有益、无私的服务作为你的人生追求，这样正确的思想与坚定的信念，一定能帮助你到达至善至美的境界，使你收获真正的人生幸福。

也许你时常会对别人说，你发财致富的目的不是为了你自己，而是想用财富来做好事，为他人造福。如果这是你想发财致富的真正动机，那么财富一定会来到你的身边。因为这种动机会使你变得坚定有力、大公无私，在奔向目标的道路上，你愿意把自己当成是为他人服务的人，而非用自己的财富支配别人的人。

如果你人生的真正动机的确是行善，那么，你完全没必要非等到自己拥有大笔财富的时候才开始行善。现在，就在眼前，就在你目前所处的地方，你就可以开始行善了。如果你的确是一位无私的人，你眼下就会采取牺牲自利利益、成就他人利益的做法。换句话说，无论你身处何种境遇之中，你总有行善的空间。

真正渴望做好事的心，是不会一直等拥有了大笔财富才去做好事的，而早已做好了随时做出奉献的准备，这样的人，不论处在怎样的环境中，总会为邻居、亲朋好友，甚至是陌生人的幸福不断努力着。

阅读标签

1. 我们无论身处什么样的境况中都应该保持必要的耐心，能把一切外在条件当成锻炼自己的机会，这样一来，你就能摆脱一切痛苦的纠缠——而且，当你摆脱掉它们之后，以后都不必担心自己会重新落入它们所设的圈套中。

2. 如果你真的下定决心要改善自己的人生，那么你外在的人生境况便一定可以得到改善。你的人生道路就在你自己的脚下，每个人的人生之路是由他们自己走出来的。

3. 你在渴望得到更加丰硕的努力成果之前，必须牢牢地把握住你已经拥有的一切。如果我们误用或浪费了我们所拥有的一切，不管这种浪费是多么微不足道，我们也会逐渐失去拥有它们的资格。

4. 幸福感在绝大多数时候是取决于一个人的内心的，而非由这个人所拥有的外在物品决定。只要你能友好地对待他人，你的身边就会聚集许多真心爱你的人。如果你自己是一位纯洁可爱的人，你

会自然而然地得到众人的关爱。

　　5. 我们不难看出，把人生目标定为发财致富，并使其成为自己一生的唯一追求，而为了实现这一追求不惜不择手段，则是很不明智的。这样的做法，最终只能令自己遭受损失。

幸福气场修炼之修行

如果你能关爱普天之下的所有人，包括你的朋友与敌人，那么，你一定会得到幸福给你的丰厚的回报。

不要低估自己的价值，但也不要轻易夸大它们，这是我们能让自己和他人都获得幸福的前提。

对别人抱有成见的人，眼中所见的往往是一个扭曲的世界，时间一长，其本人也会因此痛苦不堪，你的气场的吸引幸福的力量也会被削弱。

很多事情看似是别人的错误，但仔细分析下来，错的那个人很可能是自己。

幸福难求的原因就在于，人世间的一切罪恶都会因为人与人之间缺乏理解而不断滋长。

真正有意义的人生，并不是无情地消灭弱者，而是想方设法地去呵护他们。

时常听到周围有人抱怨，谁遭受了挫折，谁又遇到了倒霉事。诚然，在我们一生中，一些苦难是不可避免的，一些难关是不得不渡的，但是，我们的眼光如果仅仅停留在自己的身上，只知道安慰自己、怜悯自己，那么我们就很难在精神上获得真正的成长，也就永远无法体会为他人着想带来的快乐。

　　当我们渴求出人头地的时候，当我们处处以自我为中心、刚愎自用的时候，我们怎么可能做到亲切和蔼、充满爱心地与他人相处呢？如果我们不能抛开一心为己的念头，不能学会设身处地地为别人着想，那我们就注定只能在心灵上永远孤独下去，永远无法体会到对别人付出爱心后获得的快乐与幸福感！

紧盯错误的人是不幸福的人

在很久很久以前，有一个异常偏僻的小村庄，村庄里住着一位让全村人都非常头疼的女人，她好吃懒做，一有机会就偷窃村民的财物，并且，她从不为自己的行为感到懊悔。

一天，女人在偷窃的时候被村民当场抓住了，愤怒的村民把女人团团围住，大家义愤填膺、七嘴八舌地议论着，最后打算用石头把她砸死，以绝后患。就在女人命悬一线的时候，村里一位德高望重的老者走出了人群，他缓缓走到愤怒万分的村民们面前，微笑着说："按说，根据她的所作所为，即使被乱石砸死也是死有余辜的。但是，我有一个提议，不如就让你们之中从来没有做过一件错事的人，对她扔第一块石头吧！你们看怎么样？"众人听完后，面面相觑，过了很久，没有一个人向女人扔石头。

于是，老者转向若有所思的女人，满面慈爱地对她说："你应该明白了，包括你，包括现场所有的人，谁没有做过错事呢？快回去吧，只不过你要记住，以后再也不要作恶了。只要你愿意，任何时候回头都不算晚！"

女人羞愧难当，掩面匆匆离去了。从此，村民们再也没发现自己家丢过东西了。

一个内心纯洁的人，心里时刻充盈着对旁人的呵护与关爱。心灵纯洁的人，眼中是看不到邪恶的。眼中没有了邪恶的人，谁能说他不幸福呢？

一个人除非能提高自身觉悟，否则他根本看不到自己行为中的过错。而他只有彻底认清自己行为中的过错，才能改正它们。每一个人都会本能地为自己所做的事情进行辩护，无论别人认为他的行为是多么可恶，他自己都会认为他的行为一定是有原因的，或者是必要的。

那些脾气暴躁的人习惯于为自己的愤怒情绪找出很多正当的理由，那些欲壑难填的人会时常为自己的贪婪找出很多正当理由，那些道德低下的人会时常为自己的卑鄙行为找出正当的理由。愿意说谎的人总认为他很有必要说谎。诽谤者认为只要贬低他憎恨的那些人，就可以让对方受到伤害，所以诽谤他人是很有道理的。窃贼深信偷窃是发财致富的妙法，是过上幸福生活的最便捷、最好的途径。甚至连杀人犯都认为他绝对不是无缘无故地杀人，他是出于很多不可忽视的正当理由才去杀人的。

每个人的行为都与他自己评判光明与黑暗的标准相吻合。 一个人具有什么样的品质，他就会走上什么样的人生道路；一个人的认知存在多大的局限性，他的行为也将存在多大的局限性。令人欣慰的是，无论谁，都可以通过努力来提高自己，从而渐渐拓展自己的认知范畴，并逐渐告别黑暗、走向光明。

脾气暴躁的人之所以总喜欢嘲弄及指责他人，是因为他的认知范畴还没有被拓展到自制与忍耐上。他由于没有尝试过温和待人，因而他就不懂得温和的力量，就不会选择温和的行为。由于他并没有拿温和行事的结果与粗暴对人的结果进行比较，因而他就无法明白粗暴待人的后遗症。对于说谎者、诽谤者和窃贼而言，道理也是一样的。他们之所以生活在思想与行为的黑暗中，是因为他们缺乏光明的思想与行为，更不曾体会过光明行为带来的良好结果。由于他们从未在比较高尚的境况中生存过，因此他们对高尚思想主导下的境况一无所知，而且在他们眼里，这种高尚思想带来的境况似乎是不存在的。

幸福只认识幸福。正如那句话所说，"生活在黑暗中的人，是不会理解光明的。"生活在黑暗中的人甚至并不理解自己的生存境况，因为他们愚昧无知，对事物的认识又很肤浅。

当一个历经磨难的人终于开始反省自己的行为时，他就能明白他的怒火、他的谎言或他对身处境况的抱怨，只能产生烦恼与悲伤。随后，他就会摒弃给他带来苦痛的事物，开始寻求能让他得到幸福的东西。当他坚定地踏上更好的人生道路时，他对人生的认识就比较全面了，而且他将充分意识到自己昔日生活在多么黑暗的境况之中。这种通过切身经历而获得的对善恶思想的全面认识，必将使他大受启发，并促使他提高自己的觉悟。

倘若一个人能设身处地地为他人着想，并且以他人的而非自己的处世标准去衡量他们的言行，那么，这个人就不会只盯着他人身上的邪恶，因为他会明白，每个人的是非观和善恶标准都是不同的。他会懂得，也许一个人眼里的恶行，到了另一个人眼里就变成了善行；即使在很多人眼里都非常高尚的品德，但有些人仍会把它视为罪恶的根源。

所以，当一个人的心灵得到净化之后，看待他人时，他的眼光就不同了，并且，他也不会产生任何迫使他人接受自己做事方式或思想观念的念头。他会认识到，如果仅靠强迫别人接受自己的做事方式或思想观念，根本无法令别人获得真知、体验幸福，**只有帮助别人走好他们自己选择的路，不断传递给他们积极的人生经验，才能让他们获得真正的人生幸福。**

我们在现实生活中发现，大部分人时常在那些与他们意见相左的人身上看到邪恶，而在那些与他们意见一致的人身上看到高尚，这是很值得玩味的现象。一个自怨自艾、刚愎自用的人，总喜欢那些肯定他的人，讨厌那些反对他的人。但是，真实情况却是，**如果你能关爱普天之下的所有人，包括你的朋友与敌人，那么，你就会得到丰厚的回报。**

自大心理与虚荣心作祟会导致人们在做事的时候变得盲目，缺乏长远眼光或失去对事情的敏锐判断力。我们承认，人群中，的确有些人要比其他人显得更聪明，更富有生活经验，但所有的人从本质上来讲都是善良的，这一点是毋庸置疑的。**不要低估自己的价值，但也不要轻易夸大它们，这是我们能让自己和他人都获得幸福的前提。**

一位大师在给他的众多弟子传授知识时，其中一位弟子请大师解释一下善良与邪恶之间的区别。只见这位大师伸出手来，把手指指向地面，然后问："我的手指指向哪儿？"这位弟子回答："它指向地面。"

随后，大师把手指指向天空，然后问："现在它又指向哪儿？"

弟子回答："它现在指向天空。"

"这就是邪恶与善良之间的区别。"大师意味深长地说。

借助这种简单的演示，大师向弟子们指出：邪恶是错误行为的引导力量，而善良则是正确行为的引导力量——所谓的恶人，只需要改变昔日的行为方式，就可以加入善良者的行列。

一个人倘若不再长时间、挖空心思地去寻找别人身上的邪恶，而是一心一意地净化自己的心灵，那么他就能收获无限美好的思想果实，假以时日，他一定能做到内心纯洁无瑕，言行善良美好。

知道了邪恶行为是由邪恶思想引起的道理后，我们接下来又该做些什么呢？应该培养一颗同情、善良之心，并且努力弃恶扬善——如果有人讥笑我，我不会立刻反唇相讥；如果有人辱骂我，我也不会暴跳如雷；如果有人诽谤我，我仍会冷静分析出他所具备的一些良好素质；如果有人憎恨我，这说明他急需我的关爱，而且我也愿意付出关爱。

我将耐心地对待那些急躁的人，大度地对待那些贪婪的人，平静、温和地对待那些性情暴躁、热衷于吵架的人。既然我眼中已经看不见邪恶了，那我还会憎恨谁呢？还会把谁视为我的敌人呢？

我亲爱的朋友，

你是否认为很多人都十恶不赦？

倘若你真有这样的感觉，

那么我会深感遗憾。

因为我从未觉得别人残忍，

人们不过都在追求自己认为正确的事物。

我从未用别人的错误来惩罚自己，

我为什么要这么做呢？

一母同胞的兄弟姐妹们大都会非常和睦地生活在一个大家庭中，无论经历过什么样的艰难困苦，他们都是相亲相爱的一家人。他们不会看到彼此身上的邪恶，不会盯着对方犯下的过错不放，正是情感的纽带把他们牢牢地绑在了一起。

那些至善的人把整个人类社会看做一个大家庭，所有的人都具有同样的本质，为着同样的人生目标来到世间。在他的眼中，所有的男人和女人都像自己的兄弟姐妹，他能对他们一视同仁，就像看待自己的亲人一样看待不完美的他们，像母亲祈求迷途知返的孩子一样能轻易原谅他们犯下的

错误——步入这种境界的人，一定会体验到无限的幸福。

> 如果你在脑中产生了邪恶的思想，
>
> 那么你的行为也会变得不善；
>
> 如果你在脑中产生了纯洁的思想，
>
> 那么你的行为必定完美而圣洁。

获得幸福的前提，学会同情他人

同情心是一种非常美好的感情，付出它的人往往会收获幸福与快乐。想拥有一颗同情心，我们必须首先了解旁人，而为了了解他们，我们必须抛弃针对他们的不公允的个人成见，必须能实事求是地看待旁人。我们可以试着走进他们的内心世界，了解他们的想法，对他们的经历感同身受。也许，我们通过自己的努力，已经把自己从某些坏习惯或苦难中解脱出来了，然而还有一些人仍然在这些坏习惯与苦难中挣扎着，在这种情况下，你就应该体谅他们、帮助他们。

当然，对于一个比你更富有智慧、更见多识广的人而言，你是无须去同情他、体谅他的。你可以用一种谦恭的态度对待这些智者，这样你就能得到智者的体谅与帮助，进而可以从对方身上学到有效处理自身缺点与毛病的方法，从而能更快更稳地走上成功道路。

我们要记住，如果我们总认为自己高人一等，那么就永远无法做到同情他人、体谅他人（因为妄自尊大与同情心是无法共处的)。

对他人的偏见与恶意是同情、体谅感情产生的巨大障碍，而骄傲与虚荣则是接受别人体谅的巨大障碍。如果你对某个人心怀恶意，你就不可能体谅他。如果你嫉妒某个人，你便无法欣然接受他的体谅。如果你厌恶某个人，或由于你的一时冲动对某个人产生了偏见，那么你就无法理解他，也难以做到公正地看待他。

一叶障目，不见森林，成见往往就是遮住幸福森林的叶子。**对别人抱有成见的人，眼中所见的往往是一个扭曲的世界，时间一长，其本人也会因此痛苦不堪。**

想实事求是、公平合理地看待他人，就不能感情用事，不能纵容个人的好恶或自大情绪参与到你与别人的交往过程中。不要轻易对别人的行为报以愤怒，也不要随便谴责别人的信仰与观点。想对别人进行客观评价，你就必须舍弃自我成见，并设身处地地为他人着想。只有这样，你才能走进他们的内心世界，透彻了解他们的人生、他们的经历。当你完全理解一个人的时候，你就不可能再无端指责他。

很多人之所以会给他人下错误的判断，任意谴责他人，甚至恨不得与对方老死不相往来，是因为他们对他人缺乏了解。至于为什么对他人缺乏了解就轻易下结论呢，是因为这样的人心里有强大的私心与自傲，所以我们才说，**很多事情看似是别人的错误，但仔细分析下来，错的那个人很可能是自己。**

幸福的气场与不幸的气场从本质上来说是一样的，唯一的不同是它们的力量一个是向上的，另一个却是向下的。

其实，如果我们换一个角度来看待问题就会明白，所有正在遭受苦难的人都希望得到他人的同情与体谅。倘若一个人能够懂得自己犯下的每一种过错，无论在思想上还是在行为上，最终都会给自己带来相应的痛苦回报，那

么他就会停止谴责他人，并开始同情犯了错的人，学着体谅并帮助他们。

当一个人能熄灭内心的怒火，能够摒弃过度自私的想法，并能把妄自尊大的念头踩在脚下时，他便深入探测到人的一切经历——所有的罪恶、苦难与悲伤，所有的欢乐、喜悦与幸福，无一不是个体的"自作自受"。

一个人倘若能用一颗一尘不染的纯洁之心看待他人，那么他就能在最大程度上体谅他人。他会把他人视为自身的一部分，而不是把他们视为与自己完全割裂开的个体。他会认识到，从本质上来讲，别人和自己是一样的，他犯了什么错，别人也会犯什么错；他遭受了什么痛苦，别人也会遭受什么痛苦；他内心感到悲伤，别人内心也会感到悲伤。而且他会非常高兴地认识到，就像他最终能够进入宁静平和的完美境界一样，别人最终也能进入那宁静平和的完美境界。

真正善良、明智的人会把自己的同情心献给所有的人。他不会因为看到别人身上的过错就动辄指责别人。他会因为看到犯错之人已经或即将承受悲伤与痛苦，进而对此人产生发自内心的同情与悲悯。

一个人的智慧有多高，他便能把同情的种子扔多高。**只有当一个人变得和蔼可亲，更富有同情心时，他才能获得更多智慧**。失去同情心的人，会逐渐变得心胸狭窄、冷酷无情，他的人生也会逐渐被阴云笼罩，并最终收获苦涩的人生果实。一个人如果能够体谅周围人的苦痛，能够尽己所能地到处播撒同情的种子，他就能够提高自己的觉悟，让自己的内心充满喜悦之情，而且能够帮助他人走上光明与幸福的道路。

同情别人，就意味着你能打心眼儿里接受对方，并与对方在某种程度上做到"心心相印"，这是因为，无私的爱能让大家不分彼此。如果一个人能够同情全人类，同情所有的生灵，那么他就是一个拥有超然智慧的人，就是一个已经完全了解了自己的身份，并能与所有的人融洽相处的人。他必定能领悟到宇宙间爱的法则与智慧。这样的人所拥有的气场一定是力量强大的，因为同情心让它吸收了更多的向上的力量。

一个人如果不能对陷入苦痛中的他人产生丝毫的同情心，他就会被快乐与安宁拒之门外。他的同情心在哪儿终结，黑暗与烦恼便会从哪儿乘虚而入。更浅显地说，如果我们不用一颗真诚的爱心去对待他人，那么我们就无法收获别人的关爱，无法体会真正的人生幸福，而只能陷在自私自利的图圈中难以自拔。

"谁在人生道路上行走时失落了同情心，谁就是身着寿衣走向自己坟墓的糊涂虫。"

体谅他人能给自己带来福气

只有当一个人愿意对别人付出自己的同情心时，他才能沐浴在真理的永恒光芒下；**只有当一个人乐意献出自己的一片爱心时，他才能体验到无限的人生幸福。**

体谅别人是一种能够给自己带来福气的行为，它蕴含着至高至纯的幸福。体谅之情是高尚的，因为在它的光芒照射下，所有自私自利的念头都会无影无踪，留下的只是人与人之间纯粹的心灵欢乐以及充满幸福之情的精神交流。如果一个人失去了对弱者的同情心，不再体谅别人，那么他的生命会立刻变得暗淡无光，他也无法再享受到真正的人生幸福了。

一个人只有把内心所有自私自利的想法彻底征服了，他才能真正对他人的行为感同身受。只有对他人的行为感同身受，他才能不偏不倚地看待他人，才能公正地看待他人的过错、悲伤、信仰和观点，并能体谅他人的

所作所为。

他会明白，做错事的人，大多是在认识范畴上有所不足，认识上的错误会带来思想行为上的错误。他会深刻意识到，那些做事盲目，甚至是愚蠢的人，只是因为他们的认识与经验还不够成熟。这些人只有通过不断提高自己的认识水平，不断启发自己的思想，不断成长，做起事情来才会更加明智。

他还会清楚地意识到，尽管犯了错的人可以借由好的榜样、合乎情理的话语和别人的及时指导来获得成长，但周围人对犯错之人的帮助却不能变成拔苗助长。关爱与智慧的花朵，需要等待一段时间才能绽放。许多憎恨与愚昧的枝条，无法在一瞬间就被全部剪掉。

一个具有同情心的人在与别人打交道时，能够找到通向别人内心世界的大门。这个人轻轻地打开大门走进去，并能在别人内心深处发现很多需要关爱与呵护的东西。这样一来，他会逐渐变得更有耐心，更愿意关爱他人，更富有同情心。

一个犯了很严重错误的人，尽管他已经很可能意识到了自己的错误，也已经有了想重新振作的勇气，但是，如果他不断受到周围人的指责与唾弃，却很可能继续在罪恶中沉沦下去。**人世间的一切罪恶都会因为人与人之间缺乏理解而不断滋长。**拒绝同情他人，并且相互指责，这种现象在人群中是非常普遍的。这种现象足以表明，很多人之间都普遍缺乏理解。

当一个人跌落罪恶的泥潭时，他时常会指责那些导致自己犯错的人。往往是这个人所犯的错误越严重，他在泥潭里陷得越深，他对别人的指责就越严厉。很显然，这样的指责不能使他获得真正的解脱，只有当他开始为自己的罪恶深感悲哀，并且愿意从泥潭中挣脱出来，重新沐浴纯洁与美好的光明时，他才会停止对别人的谴责，并且学会体谅别人。

对于那些被狂热情绪左右，动辄发脾气的人来说，人与人之间的相互指责是必不可少的，但所谓"有理不在声高"，发脾气是不能解决问题的。不要以为发脾气可以增加你气场的力量，相反地，它阻塞了你吸引幸福的力量，因为问题因你的情绪变得更严重了，通往幸福的道路被堵住了。

面对别人的错误时，我们能控制住自己的怒火，问题反而更容易解决。因为受到指责的人一旦能够认识到，别人之所以会抱怨他，是因为他犯了错，并且，周围人都在期待他改邪归正，那么这个人往往能幡然悔悟，痛下决心改变，并且，有了这种经历，这样的人往往能努力克制自己，不会再轻易指责别人。

那些真正善良与明智的人，是不会轻易谴责任何人的。在摒弃了所有的盲目冲动与自私自利之后，他们会生活在关爱之心带来的和平与宁静中。他们能看清世上所有形式的罪恶，也能看到罪恶身后的苦难与悲伤。因此，对身陷罪恶中的人，他们总是满怀悲悯。

就对待犯错之人的态度上，他们有很高的觉悟，能够摆脱内心自私的偏见，能够实事求是地看待他人；他们的内心容易与别人产生共鸣，即使受到别人的无端谴责与辱骂，他们都能在同情心的支配下不做过激之事。他们明白，正是对方心中的愚昧无知，才使对方做出那样不合适的举动，他们也清楚地知道，对方以后一定会因为自身不合适的举动而吃苦头儿，因而，自己也就没必要再抱怨什么了。

赞叹别人的好运会得到快乐

如果我们能通过自我征服获得智慧，并学会关爱那些我们想去谴责的

人，还能同情、帮助他们，那我们就能在思想境界上前进一大步。

不要再随意谴责他人了，请把精力用在审视我们自己的内心上，找出我们心里那冷漠无情或动辄恼怒的想法吧。如果我们能做到这一点，我们就会明白，对别人的很多指责都源于我们自身的不足。让别人为我们的错误埋单，是一件多么可笑的事！

普通人眼里所谓的同情，大都是一种单一友爱的体现。大部分人都这样认为：谁爱我们，那我们就爱谁吧！其实，这是一种人生中的偏见。**能够爱那些并不爱我们的人，才是真正意义上的同情**。而这，也是修炼出幸福气场的必由之路——那些爱我们的人已经给了我们幸福，我们要吸引的正是那些还没有给我幸福的人。

其实人类也不是从出现在这颗星球上的那刻起就拥有同情心的，整个人类社会也并非在一年之内、一代人或一个时期之内就被苦难磨练出纯洁、温和的心境或包容感的。祖祖辈辈经历过的痛苦与悲伤，促使后人从中总结了经验，汲取了教训，并最终收获了关爱与包容的成熟果实。这样一来，整个人类社会才能显得温情脉脉，才具有能绵延万世的活力。

怜悯他人，是同情心的一种表现。怀着减轻他人痛苦或帮助他人克服苦难的愿望，怜悯那些哀鸣着的或正在遭受痛苦折磨的人，这是人类传世的精髓。想拥有一个美好的人世间，就需要更多的人拥有这种高贵的品质。

怜悯是人世间的至宝。对弱者而言，怜悯让世间变得温暖；对强者而言，怜悯让世间变得高尚。

想拥有怜悯或同情之心，我们就一定要清除内心所有无情、刻薄、指责以及怨恨的想法，唯有这样，怜悯与同情的种子才能找到生根发芽的地方。如果一个人看到别人由于犯错而遭受苦难，他就铁石心肠地对待对方，并且声称："犯错之人是罪有应得的!"那这样的人既不懂得怜悯别人，更不会帮助别人治疗创伤。而我们要记住，如果一个人残酷无情地对待他人（哪怕对方确实是自作自受)，或是拒绝为陷入困境的人提供必要的帮助，那么他就是在贬低自己的人格与尊严，同时剥夺自己本可以获得的、无法用语言形容的幸福感。残酷行为的下一步就是遭受苦难。

人世间另一种形式的同情，就是由衷地为他人取得的、比我们更加辉煌的成就而感到欣喜，仿佛他人获得成就是我们赢得成功一般。一个摆脱了一切妒忌与恶意的人，才能够真正体验到人生的幸福，但要做到这一点是很不容易的。我们可以在内心自问一下，如果有些人把我们视为敌人，但当我们听到他们获得好运的时候，我们是否能为他们感到高兴呢?

呵护比自己脆弱的人，保护那些在遭受攻击时无力自保的人，是同情心表现出来的另一种形式的升华。那些孤独无助的人，可能随时都需要得到他人的深深同情与帮助。所谓的强者的荣耀，是蕴含在他的保护力量之中的，而不是蕴含在其破坏力量之中。

正如那句话说的，"所有的生命都是密不可分的，彼此间十分相像。"最低级的动物虽然非常弱小，虽然智力低下，但它们绝非与最高级的动物毫无关联。

当我们同情弱者、呵护弱者时，我们展示出的是自身的高尚，并会同时拥有内心的欢乐感;当我们残酷无情地迫害弱者，制造苦难的时候，我们的生命也会失去昔日的光彩，我们内心的欢乐也会消失殆尽。无情的行为一定会带来无情的结局，这正如狂热行为只会招致混乱结局一样。我们的品质，只能依靠善良、关爱、同情以及一切纯洁无私的行为来孕育、培养。

通过给予他人同情，我们会增强自己的同情心。那些传递出去的同情

永远不会被浪费掉，因为即使是最卑微的生物，也会对我们友善的关爱做出善意的回应。**同情，实在是一切生物都懂的语言。**

以下是一个真实的故事。

很多年以前，北美一个监狱收押了一名罪犯。这个罪犯先后几次入狱，他的刑期加起来超过了40年。这样一个凶狠的惯犯，人们都认为他十恶不赦、冷酷无情，就连监狱长都觉得他难以管教，对他的改邪归正不抱任何希望。

但是，世上的事情总不是绝对的。

有一天，罪犯在监狱里逮到一只老鼠。这只惶恐不安的老鼠看起来是如此弱小，在他的手里毫无反抗之力。老鼠的孤独无助与脆弱，老鼠对自身命运不能完全掌控的可悲可悯，引起了他的浓厚兴趣，同时也激发出他内心的同情感。要知道这样一个罪犯，以前可是从不知"不忍心"为何物的！

罪犯所住的牢里恰有一只旧靴子，他就把那只逮到的老鼠养在旧靴子里，每天按时喂它，并呵护它、照顾它。在饲养那只弱小、无助的老鼠的过程中，他渐渐忘记了生命中的仇恨与凶狠。他不再动不动就对监狱里的其他犯人拳脚相加，他不可思议地变温顺了，也容易管教了。

监狱长并不知道发生了什么，更不了解罪犯内心的转变。监狱长和管理员们百思不得其解——这个铁石心肠的暴徒怎么突然之间就变成了一个乖巧的"孩子"？甚至连他的面部表情都发生了很大的变化——以前，他的嘴角总是挂着无情的冷笑，而现在，他的脸上总会时不时地出现让人感觉温暖的微笑。他眼里的凶光也不见了，取而代之的是温和、恬淡的目光。

其实，从实质上看，这时的罪犯，虽然他的身体还受着监狱高墙的束缚，但他的心灵，早已飞到了高墙之外，早已获得了自由。他已经沐浴在了圣洁的人性光辉下，靠着怜悯与呵护一个毫无反抗能力的小生灵，他坚定地走上了通向幸福人生的道路。

由于表现良好，他一再获得减刑。刑满获释那天，他带着自己的"宠物鼠"在人们恍然大悟的眼光与祝福声中离开了监狱。周围的人也由此相信，**原来只要付出同情与关怀，十恶不赦的罪犯也能完成自我救赎。**

给予他人同情，反倒会让我们内心储备更多的同情，让我们的人生更加充实，更富有意义。**给予他人多少同情，我们就能收获多少幸福。**拒绝付出同情，就等于是舍弃了自己的幸福。一个人越有同情心，他就越能接近理想人生与完美幸福。

> 你在审视他人之前，
>
> 请首先严格地审视自己的心灵深处。
>
> 你要怀着一颗善良、仁爱之心，
>
> 去对待世间的一切。
>
> 出自庸俗之口的责备，
>
> 如同生长在荒野的杂草，
>
> 破败且有碍观瞻。
>
> ——埃拉·惠勒·威尔科克斯(美国作家)

> 我不会幸灾乐祸地询问受伤者有什么感受，
>
> 如果那样做了，
>
> 我自己也会受到伤害。
>
> ——沃尔特·惠特曼(美国著名诗人)

眼中无邪恶，人生多喜乐

如果在别人做出不恰当行为的时候，我们能够意识到，引发愤恨情绪的往往是无知，而且还能清楚，一个人的不良行为一定会为他自己带来身体或精神上的痛苦，那么，我们就可以给自己提出如下问题：

我为何会对别人的错误产生报复心理？同情存在于世的目的是什么？

为何人们时常会对他人的行为产生怨恨，然后再受到这种怨恨心的折磨，进而再感到懊悔？

同情的真谛难道不是消除我们内心的愤怒，不再对他人产生怨恨吗？

如果愤怒与怨恨的存在是合理的，那为何随后人们又会后悔，甚至想永远舍弃它们呢？

如果消除一切痛苦的感受，并且完全彻底地同情他人是那么美好、那么甜蜜，面对他人的邪恶之举，我们如果能做到放弃愤怒，不再怨恨，这难道不是一件更加美好、更加恰当的事吗？

当一个人采取同情他人的做法，摒弃对他人的所有愤恨时，他就能领悟到自己安宁的心境和内心的幸福感。为了更好地体会以上话语，我们不妨进行以下自问自答：

如果他人伤害了我，而我毫不相让，随即进行报复，那么我的这种报复能够让对方迷途知返吗？此外，对方在作恶时，他的恶行究竟只是伤害了我呢，还是同时也伤害了他自己呢？虽然他的错误行为对我造成了一定的伤害，可我自己的错误行为难道没有对自己造成更多的伤害吗？既然如此，那我为何还要怒火中烧呢？为什么我会产生很多冷酷无情的想法，并且一门心思地想着报复他人呢？难道这不是由于我的骄傲受到了伤害，我的虚荣心受到了打击，我的一己私利遭受了损失造成的吗？这难道不是由

084

于我自身那种盲目的欲望所导致的结果吗?

倘若我们能明白,我们之所以认为他人的态度伤害了我们,是因为我们的过度骄傲、虚荣或未加节制的欲望在作怪,我们只要能努力摒弃过度的骄傲、虚荣或狂热欲望,主动审视自己所作所为方面的不妥之处,而不是只会对他人的所作所为吹毛求疵,那我们一定会更接近幸福的殿堂。

借助以上这种自问自答的方法,人们可以理清自己的思路,养成平心静气做事的良好习惯。

莎士比亚曾借助他笔下的一位人物之口称:"世间是没有黑暗的,有的只是愚昧无知。"

实际也的确如此,一切邪恶言行都是个体思想上愚昧无知的表现,都是个体内心黑暗的显露。清除内心邪恶的过程,其实就是一个告别黑暗、走向光明的过程。

邪恶是对善良的否定,就像黑暗是对光明的否定一样。哪儿有黑暗,哪儿就缺乏光明。一个人倘若不愿意与善良为伴,那他心中就会很容易产生愤怒或怨恨情绪。人们懂得了上述道理,就不会动辄恼怒或责骂别人。试想一下,当夜幕降临的时候,世上有谁会那么愚蠢,会怒火冲天地责骂黑暗呢?同样的道理,有所领悟的人也不会盲目地指责或愤恨由他人内心的黑暗所表现出的罪恶言行,但他会适时向对方指出光明在哪儿。

我们这里所说的邪恶或导致邪恶的愚昧无知,其实包括两个方面:有些人在不能明辨善恶的情况下,做出了错误的行为,这主要是由于他对善恶缺乏了解,因此在做事的时候别无选择,在这种情况下,他的错误行为实际上是无意识的;还有一些人清楚地知道什么是善良,什么是恶,明知有些事情不应该去做,但他仍然我行我素、照做不误。在这种情况下,他的错误行为就是有意识的。然而,无论是无意识的错误行为,还是有意识

的错误行为，全都源于愚昧无知。**敢于作恶的人实际上并没有彻底了解错误行为会给他带来的惨痛后果。**

为何有的人虽然感到有些事情自己绝对不应该做，但他却仍然时常去做它们呢？既然他已经知道了自己正在做恶事，那么他的愚昧无知又表现在哪儿呢？

这样的人之所以继续做那些本不该做的事，是因为他对错事的了解还不够全面和彻底。他出于对世间规则的考虑，以及受到那并未泯灭的良知的拷问，他知道自己并不应该做那些事情，但他并没有放弃恶事，这就意味着，目光短浅的他只能看到自己的某些行为能够给自己带来的眼前快乐，因此尽管他在享乐后会感到良心的不安，但他仍然继续做下去。他深信快乐是有益的，而且自己内心那追求快乐的欲望也是合理的，因此他要想方设法满足这种欲望，尽情享受快乐。可悲的是，他并不知道**快乐与痛苦常常如影随形，乐极生悲的道理谁都不能违背。**

这样的人在考虑事情的时候从未把自己遭受的痛苦与自己的错误行为联系起来。他认为那些痛苦都是由他人的错误行为造成的，或者纯属上天的神秘安排，因此他不愿去深入细致地了解造成他痛苦的根源。

他或许每时每刻都在寻求幸福，积极从事那些他相信能给他带来最大快乐的事情，可实际上他在做事的时候，对自己的行为将带来什么样的、不可避免的后果是全然不知的。

这里有一个真实的例子。我认识一个人，他因自己的一种不良习惯而饱受痛苦，他曾对我说："我知道这种习惯是一种不良习惯，而且它给我带来的危害要远多于它给我带来的好处。"

我听后非常讶异："既然你已经知道了你在做的事情是错误的，而且还会给你带来很大的伤害，那你为何不赶紧放弃它呢？"

他的回答显得非常无奈："因为它也能让我感受到许多快乐，而且我喜欢这件事带给我的快乐感觉。"

当然，这个人其实并没有真正意识到他的习惯是极其错误的。他只是听别人说这种习惯不好，他认为自己已经知道它是不良习惯，或他认为自己也相信它属于不良习惯了，但从本质上讲，他在内心深处仍然认为这种习惯会给自己带来快乐，因为它有助于自己收获快乐，保持健康的心情，因此，他才会对它恋恋不舍。

快乐的并不一定是幸福。在修炼幸福气场的过程中，不要以快乐与否为标准，而是要以是否持久地满足为指针，这才是修炼幸福气场的正途。

倘若一个人从自己的切身经历中能深刻认识到某件事情是错误的，而且他知道一旦做这件事情，就会让自己的身心健康受到损害，那么他就不会再去做它了。他的内心甚至不会产生一点儿做此事的愿望，而且他会对以前在这件事上感受到的快乐深表懊悔，甚至是痛苦。这就正如没有人会因为毒蛇看上去鲜艳美丽而对它爱不释手，并把它装进自己的衣袋里一样。

同样的道理，当人们明白错误的思想与行为中潜藏的那种难以避免的痛苦与伤害时，就不会再沉醉在那种思想与行为带来的快乐中了，也不会再对那种思想与行为紧握不舍了。他们再也不会被错误思想与行为的漂亮外表所欺骗，他们会深刻了解，错误思想与行为的真正本质，会因为看清了它们的本来面目而与它们分道扬镳。

阅读标签

1．如果我们不能抛开一心为己的念头，不能学会设身处地地为别人着想，那我们就注定只能在心灵上永远孤独下去，永远无法体会到对别人付出爱心后获得的快乐与幸福感！

2．一个人除非能提高自身觉悟，否则他根本看不到自己行为中的过错。而他只有彻底认清自己行为中的过错，才能改正它们。一切邪恶言行都是个体思想上愚昧无知的表现，都是个体内心黑暗的显露。清除内心邪恶的过程，其实就是一个告别黑暗、走向光明的过程。

3．对别人抱有成见的人，眼中所见的往往是一个扭曲的世界，时间一长，其本人也会因此痛苦不堪。

4．如果我们不用一颗真诚的爱心去对待他人，那么我们就无法收获别人的关爱，无法体会真正的人生幸福，而只能陷在自私自利的圈圈中难以自拔。所谓的超级强者的荣耀，是蕴含在他的保护力量之中的，而不是蕴含在其破坏力量之中。

5．怜悯他人，是同情心的一种表现。怀着减轻他人痛苦或帮助他人克服苦难的愿望，怜悯那些哀鸣着的或正在遭受痛苦折磨的人，这是人类传世的精髓。

6．当我们同情弱者、呵护弱者时，我们展示出的是自身的高尚，并会同时拥有内心的欢乐感；当我们残酷无情地迫害弱者，制造苦难的时候，我们的生命也会失去昔日的光彩，我们内心的欢乐也会消失殆尽。

修炼出趋福避祸的气场

　　世间所有迫害行为的产生，都是由错误的想法诱发的；世间所有能带来幸福的行为，都来自爱的思想。

　　真正聪明善良的人能够从世上的一切现象中看到美好。

　　鞭子和枷锁不会让一个人长时间做奴隶，很多时候，一个人一辈子都是一名奴隶，原因在于他那颗甘为奴隶的心。

　　关爱他人，我们就能拥有趋福避祸的力量。

　　倘若外部境况有赐福于人或伤害于人的能力，那么，同一种境况会对所有的人造成同一种结局。然而事实并非如此——在同一种境况下，一些人会获得幸福，另外一些人却会受到伤害。由此可见，个体命运的好坏不是由境况决定的，而是由人的思想决定的。

你相信么？爱有着异乎寻常的强大能量，甚至于，宇宙之所以能存在，也是因为宇宙的核心是爱己及人，是关爱。爱是唯一具有不朽生命的力量。倘若一个人的内心充满仇恨，他一定会认为宇宙间的生存法则就是冷酷无情，但是，倘若他的内心充满了同情与关爱，他就会看清，宇宙的法则其实是和平与善良。

宇宙间的关爱法则能保护人们免受自己愚昧无知思想的侵害。有些人在自我意识的膨胀下，想依靠一己之力去颠覆关爱法则——用敌对、仇恨来对待周围的人，结果只会让自己遭受许多痛苦。如果他能在遭受到极度苦恼之后，懂得回头，懂得反省自己的错误观念，那么他就会发现真理，会发现关爱的伟大力量，并且会懂得，**人与人之间的关爱是构成宇宙的法则，是整个人类社会得以存在、发展的根基。**

请记住，愿意对他人付出关爱的人，会改变自己的人生。

关爱，是唯一的幸福的源头与缘起。

善待他人，让你和幸福站在一起

正如我们树立了怎样的思想，我们就会怎样看待生活中所发生的事情那样，我们内心有了怎样的思想，我们就会怎样看待周围的世界。对于同一个物体，有的人看到了和谐美丽，而有的人看到了平凡无奇。

有一天，一位热情的自然科学家利用业余时间漫步乡间。不知不觉间，他走到了一个散发着难闻气味的池塘边，池塘的附近有一间农舍。科学家用一个小瓶子装了一瓶池塘里的水，准备拿回去用显微镜观察一下水中所含的物质。这时候，有个孩子从农舍里走了出来，对科学家用瓶子把池塘水装走感到十分好奇。

科学家对孩子说："小朋友，你可知道，这个小小的池塘里，含着不计其数的宇宙奥秘。有的我们可以直接觉察到，有的则需要借助显微镜才能发现。"

这个孩子想了想，便笑着对科学家说："这池塘里除了蝌蚪什么都没有，而且我很容易就能抓着它们。"

这位科学家掌握了有关大自然的许多知识，他能够看到自然界的美丽、和谐及潜在的生机；而那个天真烂漫的孩子，只能发现肉眼可见的蝌蚪。

漫山遍野开放的野花被路人若无其事地踩在脚下，而在一位诗人的眼里，野花却是春天的使者；在许多人看来，海洋只不过是一个浩瀚无垠的水域，船可以在它上面航行，而在音乐家的心中，海洋却富有生命，音乐家能够看出它不断变化的情绪；普通人只能看到灾难与混乱，而哲学家却看到了完美的因果联系；享乐主义者眼里尽是眼下能获取的欢愉，真正的哲人则看到了生命存在的价值。

正如我们会在自己的思想支配下去看待事物那样，我们也在自己的思想支配下自觉不自觉地去评判他人。

怀疑者认为，每个人都不能相信；说谎者觉得，自己还没有愚蠢到相信这个世界真的有诚实守信的人；善妒者在每个人的身上都看到了让自己嫉妒的因素；警觉心过重的人，心里总觉得这个世界是由许多没良心的人组成的，很多人都时刻打算占他的便宜；耽于声色及口腹之乐的人，总觉得别人太虚伪……

而那些内心充满了爱的人们，会觉得这个世界到处都是爱；诚实守信者不会总是怀疑别人；为他人的成功与幸福而欢呼的人，总是乐于助人、宽宏大量，他们几乎不知道嫉妒是什么，总能从他人的身上看到神圣与爱……

根据因果法则，世人付出了什么，到头来就得到什么。在现实生活中，人们喜欢与那些和他们思想比较接近的人交往。俗话说得好，"物以类聚、人以群分"。**内在的思想世界与我们生活的外在物质世界是一样的，同类者愿意相依相伴**。这是我们修炼幸福气场的人必须要明白的道理。

你想得到他人的善待吗？那么你首先应该善待他人。你在寻求真诚吗？那么首先做一个真诚的人吧！你付出了什么，你就能够得到什么，你的外在世界就是你内心思想的反映。

关爱他人，让你拥有趋福避祸的力量

关爱是完美的和谐，是圣洁的幸福，它并不包含任何一种苦难成分。一个人倘若能够在关爱的指导下去思想、行动，那么苦难就会远离他；如果一个人想了解关爱的力量，并且想分享它带来的永不枯竭的幸福，那么他必须在内心不断地告诫自己——我必须成为一个富有爱心的人。

时常在关爱精神的鼓舞下做事的人，永远不会遭到别人的背弃，永远不会陷入进退两难的困境，因为伟大的关爱——不带有个人利益的真爱——既能提供知识，又能带来力量。学会如何去关爱别人，就等于学会了如何去克服人生中的每一个困难，学会了如何把每一次失败带来的颓废转化为获取成功的动力，学会了如何给生命中的每一件事情和遭遇的每一种境况穿上"幸福"的外衣。

一个人只有靠"克己"才能走上关爱的道路。

完美的关爱能够消除个体对未知的恐惧。懂得了完美的关爱，就懂得整个宇宙没有能伤害自己的力量。在世俗之人和坚持"以暴抗暴"的人眼中，邪恶是无比强大的；但懂得关爱力量的人却明白，邪恶是一种非常脆弱且没有生命力的东西——它只要遇到善良那无坚不摧的力量，就会立刻败下阵来。

完美的关爱，让我们拥有趋福避祸的力量。一个人倘若能够消除自身

一切具有伤害性的思想和欲望，他就能获得整个宇宙力量的保护。

完美的关爱就是完美的耐心——愤怒与暴躁是无法与关爱安然相处的，它们甚至无法接近关爱。关爱让世间的一切苦涩都能散发出怡人的芬芳，能把严峻的考验转化为力量。抱怨是无法与关爱共存的，那些充满爱心的人不会因为一时的失意而哀叹连连，他会把不幸看成幸福大军的先锋，接受它们，努力修正自己的错误，因而他有朝一日一定能享受着幸福，悲伤也必定会离他远去。

一个人倘若征服了自己无休无止的欲望，那么他就不会总在担忧失去。太在意一件事物的时候才会对它患得患失，担心失去。倘若一个人能毫不动摇地坚持用关爱的态度对待自己周遭的一切，并在履行自己人生职责的过程中，不懈地落实充满爱心的行为，那么关爱就会成为他的保护伞，并自始至终地提供他所需要的一切。

完美的关爱代表着强大的力量。充满爱心的智者，不必使用任何强制手段就能屈人之兵。世间的万事万物，都愿意匍匐在那拥有至高无上关爱心境的人脚下。这样的人只要产生了某种想法，很快就会化为现实；只要说出了某种预言，用不了多久就会应验。

这样的人的每一种想法，都是一个追求，每一次行动，都是一项成就。如果只看这两句话，你是否会认为这就是成功的人？假如看本页，你就会明白成功的真正动力是什么。由此你可以体会到，那些真正成功的人，赚的是关爱。

完美的关爱代表了完美的智慧。关爱一切的人，就容易了解一切。在透彻掌握了自己的内心课程之后，他便能了解他人内心的使命与追求，就能让自己体会到他们的无奈与艰辛。关爱给聪慧之人指出了前进的道路，离开了关爱，聪明就会变得盲目且毫无朝气。在聪明人遭受失败的地方，关爱可以帮助他取得成功；在聪明人做事盲目的地方，关爱可以帮助他认清自己还存在哪些缺陷。理智只有在关爱的陪伴下才能变得完善。

明智的人可以做到对人亲切随和，怀着一颗慈善仁爱的心对待周围的一切。这样的人明白所有的生灵都需要关爱，并且他也能够心甘情愿地付出关爱。他懂得，只有关爱外在的一切，自己才能达到真、善、美的境界。

在拥有关爱双眸的人那里，宇宙中的一切事物时时刻刻都遵循着因果法则，所有我们能看到的现象，宇宙间一定存在引起它的原因。这样一来，我们的生活中会少很多争执与摩擦。一个人若想得到真知，那就请他先学会对外界付出关爱。

完美的关爱代表了完美的平和。拥有完美关爱的人，已经完全脱离了悲伤世界的束缚，他的心会变得平静又安详，他能够消除人生中不幸的阴影，领悟到人生中的不朽。

如果心里有争斗，身边就会有争端

战争的诱因在于人内心的斗争思想。"精神上的斗争"总会先于世间爆发的战争出现。当内在的精神和谐在分裂和斗争思想的破坏下四分五裂的时候，人世间的战争就出现了。换言之，没有人类内心的斗争思想，世间也就不会爆发战争；如果人类心内的平和还没得到恢复，已经爆发的战争就不会停止。

战争既包含着侵略也包含着抵抗。在战斗打响之后，参战双方就开始扮演侵略者与抵抗者的角色，因此，那种想凭借侵略手段结束战争的努力只会制造出新一轮的战争。

自私是和平的最大敌人，也是所有争斗的祸根，许多伤痛的制造者，因此，我们希望立志给世间带来和平的人，能够消除内心的自私，驯服狂热的内在激情，最终战胜自我。

每一个坚持高尚道德准则的人，一生中都会遇到这样的时刻：他对这些高尚准则的理解及信仰，会受到最大限度的考验。他在经历考验之后所选择的道路，决定着他要么成为一个有足够力量捍卫真理、追求自由的人；要么沦为内心欲望的奴隶，一直受到贪婪欲望带来的不尽折磨。

这种考验通常以诱惑的形式呈现出来——一个人尽管做了错事，却仍能继续过着富裕、舒适的日子；另一个人处处坚持正义，却在现实面前屡屡碰壁，落得失败的下场……这种考验是如此严峻，以致在比较容易受到诱惑的人看来，如果他不走正道，他反倒能获得丰富的物质财富，而这恰恰能保证他在有生之年过上无忧无虑的幸福生活；倘若他坚持正义，处处做正确的事情，那么他只能过着每况愈下的日子。

这样一来，当选择正义之路需要他在眼下付出相当大的代价时，他经常会立刻失去勇气，临阵退缩。即使他有着足够的能力经受选择正义后带来的冲击，但他的自私精神会在这时化身为一名诱惑者，在心底悄悄对他说："想想你的家人吧！想想那些依靠你的人吧！你难道真的忍心让他们跟着你遭罪，甚至面临缺衣少食的危险吗？"

那些内心真正坚强、纯洁的人，必定能够经受住这种严峻考验，并最终获得胜利。一旦进入更高层次的人生境界，他们便能看清人生的真相——那些看似不可避免的贫穷与灾难，不过是持久的成功与幸福美满的引路人。那些没有经受住考验的人呢，不仅无法获得自己期望的富裕，内心还会烦躁不安——他的良心会因为违背了善良的天性而备受煎熬。

坚持正义者终究不会失败，坚持错误者终究不会胜利，这是因为：

> 正义是宇宙的法则，
>
> 没人能避开它，
>
> 它会在每个人的身上起作用。

真正坚持正义的人会超越恐惧、失败、贫穷和耻辱的纠缠。有一首诗是这样形容正义法则的：

> 它的核心是关爱，
>
> 它的目标是平和与甜美，
>
> 请切实地遵守它吧!

如果一个人因为担心失去眼前的快乐和享受而否认世上存在真理，那么他很可能在接下来的日子里受到伤害，遭到别人的贬低或欺侮，这是因为，他首先伤害、贬低、欺侮了那个高尚的自我；反之，如果一个人能够坚守道德的阵地，能够坚持纯洁的正义，那么他就不会自甘堕落，即使面对坚持正义就要付出代价的威胁也绝不会轻易妥协。他拒绝了做一个没有骨气的人，在真理中寻求到了安身之地。我们要记住，**鞭子和枷锁不会让一个人成为奴隶，很多时候，甘做奴隶的心才会让一个人一辈子都是一名奴隶。**

福祸无门，唯人自招

你是一个什么样的人，你的世界就会是什么样的。你想要积极了解的一切，都包含在你自己的经历中；你将要了解的一切，会构筑起你未来的人生。所有你经历过的事物，统统会成为你人生的一部分。

你的愿望和志向构筑起了你的思想世界。对你而言，你的世界不管是美丽、欢乐与幸福，还是丑陋、悲伤与不幸的，那都是你根据自身经历与阅历进行判断后得出的结论。

当你依靠思想力量建造出你的内在环境时，你外在的生活境况也会发生相应的变化。无论你在自己内心的密室里隐藏了些什么，根据不可抗拒的大自然法则，这些被隐藏起来的东西或早或晚都会呈现在你的人生境况中。

不纯洁、污秽及自私的心灵，只会造成不幸与磨难；纯洁、高尚及无私的心灵，则会为我们带来幸福与快乐。每种心灵都会造成一定的结果，这一点是毋庸置疑的，能认识到这个道理，你就能更好地认清人生的法则。

人在一生中所遇到的每件事情，无论它能够使人获得幸福，还是使人遭遇不幸，其实都是由人们自己的内在思想、外在行为所决定的。每个灵魂都是由不断积累的人生经历与思想阅历构成的，而躯体只是灵魂中含藏的经历与思想得以实现的载体。因此，你确立了什么样的思想，你就是什么样的，你的世界、你的处境，都是你确立的思想起作用的结果。

"我们的现状是我们的思想结出的果实——我们的生命本质建立在我们的思想基础之上，即生命由思想构筑而成。"很多先哲都是这么说的，而我们可以据此做出以下判断——**一个人之所以幸福，是因为他树立了想**

让自己获得幸福的思想；一个人之所以境况凄惨，是因为他让自己沉浸于沮丧、颓废的思想中。

无论一个人表现出怯懦还是无所畏惧，是愚蠢还是聪慧，是烦躁还是安详，他的心灵深处都有造成他自己具体现状的"因"，这种"因"是绝对存在的。

现在，也许很多人都会问："你是在说，外在的境况不会影响我们的心态吗？"不，我不是这个意思，我说的是——只有当你允许外在境况影响你的心态时，它才会起作用。我知道，这是一条真理。

如果你在外部境况的影响下内心有所动摇了，这是因为你并没有对思想的本质、用途及力量有一种正确的理解。你"相信"——在"相信"这个词上凝聚了我们所有的悲伤与欢乐——外在事物具有造就或破坏你人生的力量。这种"相信"使得你把自己托付给那些外在事物，而且承认自己是它们的奴隶。实际上，你应该明确认识到，到底是悲伤还是欢乐，是充满恐惧还是充满希望，是坚强有力还是弱不禁风，都是由你自己的思想支配的。

我认识两位男士，他们都遭遇了事业危机。一个人辛辛苦苦积攒了很多年的钱全都付之东流了，他为此烦恼不已。在此后的日子里，他整天忧心忡忡，几乎对未来失去了希望。他一直在为自己失去的金钱哀伤不已，逢人便抱怨自己"时运不济"。他那脆弱、无助的思想，使他一直沉沦在逆境里，再难翻身。

而另一位男士在某一天阅读晨报时，突然看到一家银行倒闭的消息，而他早把自己多年来的全部积蓄都存进了这家银行，这下他的全部家产也都打水漂儿了。但他并没有因此惊慌失措，他只是平静而坚定地说："哎，钱都没了，但烦恼与忧伤是不可能把钱找回来的，只有辛勤工作才

可以。"在以后的日子里，他更加兢兢业业地工作，没过多久，他便重新跨入富裕者的行列中。

多年积蓄一朝化为乌有，对第一位男士来说是一场灾祸，因为他让颓废、消沉的思想来主宰自己的行为；对第二位男士来说，则是塞翁失马，因为他能用坚强有力、充满希望的思想来武装自己，经历此番不幸，他对人生的感悟恐怕又上升了一个阶梯。

倘若外部境况有赐福于人或伤害于人的能力，那么同一种境况会对所有的人造成同一种结局。然而事实并非如此——在同一种境况下，一些人会获得幸福，另外一些人却会受到伤害。由此可见，个体命运的好与坏不是由境况决定的，而是由人的思想决定的。

幸福气场的内核是你的思想，如果你认为自己的意志不那么坚定，会被环境影响，那么你的气场必将被环境影响，它当然也就不具备趋福避险的能力了；相反的，假如你信念无比坚定，那么你的气场也会在环境面前固若金汤，任何祸患都挡不住你，而你的气场将自动吸取成功的力量为你助力，这样你一定会幸福、富足。

阅读标签

1. 所有的罪过或邪恶，都是一种愚昧无知的状态，因此，我们需要用一颗关爱的心去对待别人的错误，而不应该用仇恨的心对待他们。

2. 没有哪位老师的教导能与个体的切身体会相比，也没有哪种惩罚，能够比人们由于自己的无知所招致的恶果更能让他们升起纠正错误、净化心灵的决心。

3．学会如何去关爱别人，就等于学会了如何去克服人生中的每一个困难，学会了如何把每一次失败带来的颓废转化为获取成功的动力，学会了如何给生命中的每一件事情和遭遇的每一种境况穿上"幸福"的外衣。

4．一个人之所以幸福，是因为他树立了想让自己获得幸福的思想；一个人之所以境况凄惨，是因为他让自己沉浸于沮丧、颓废的思想中。只有当你允许外在境况影响你的心态时，它才会起作用。

5．在同一种境况下，一些人会获得幸福，另外一些人却会受到伤害。由此可见，个体命运的好与坏不是由境况决定的，而是由人的思想决定的。

歇一歇
等等幸福

启动你的幸福气场

　　爱是幸福的根缘。只有那种不寻求任何个人满足感及回报收益，并能不带任何偏见、不让任何人心痛的爱，才是真正的爱。

　　宇宙间根本没有独断专横的力量，而命运的锁链则是人们自己锻造出来的。

　　想得到精神食粮的人不必付出金钱，但他必须学会爱己及人，或放弃思想上的坏习惯。幸福无价，却不必用钱去买，只有改掉坏毛病才能获得。

　　理智要比动物般的原始冲动层次高，而智慧又比理智的层次高。

　　一个人如果具有最大的耐心、无限的爱心、纯洁的真心，那他就是人类的福祉。

　　一个人，如果内心具有无私的爱，那他既不会强迫他人接受自己的观点，也不会想方设法地证明自己做事的方法才是最高明的。

许多人经常祈祷，期望上帝能够让他们生活在一个没有悲伤的幸福世界里。如果你是他们中的一员，那么我希望你能明白：只要你愿意，你现在就可以走进幸福的世界，**幸福原本就充满了整个宇宙，也包括你的心。想获得幸福，你就要学会认识它、发现它。**

一位通晓幸福内在法则的人士指出："当别人对你说，'幸福在这儿'或'快乐在那儿'的时候，请你不要盲目地追随他们，因为幸福世界其实就在你的心中。"

如果你想让这个世界变得完美，想让所有的邪恶与灾难都消失殆尽，想让满地鲜花盛开，让沙漠变成绿洲，那么你首先应该端正自己的思想。

如果你想改变这个世界，让它摆脱罪恶的深渊，让人们心中的创伤早日愈合，让悲惨的乌云消散，让生活的甜美随处可见，那么你首先应该改变自己。

如果你想消除这个世界的弊病，消除世间的悲伤与疼痛，为世间带来欢乐，让黑暗中的人重见光明，那么你首先应该消除自己身上的弊病。

如果你想让这个世界从梦魇中觉醒，化世间的干戈为玉帛，想给这个世界带来关爱与和平，让整个人类社会放射出绚丽的光芒，那么你首先应该让自己觉醒。

发掘自己的伟大的力量

每个人都有向上成长的力量，这是气场不断强大的根缘。之所以有的人气场能吸引幸福，而有的人却吸引不幸，是因为这股力量被太多的杂事儿挡住了，而这些杂事儿不断冒出来的原因就是因为心里那个自私的自己。自私让人左右为难，但人人以此为乐，因为自私的心被满足时，人会感觉很快乐。

这个世界上的芸芸众生之所以不理解无私的爱，是因为他们都卷入了追求个人享乐的漩涡中，被自我利益束缚住了，并且错误地把那些享乐与私利作为真正有价值的东西。他们掉进了欲望的泥潭，为一己之利遭受的损害怒火中烧，因此他们根本看不到真理的纯洁与美丽。他们是错误思想与自我欺骗的受害者，他们无法走进"爱的大厦"。

哪儿有了仇恨、厌恶及谴责，哪儿就无法容下无私的爱。无私的爱只会在没有谴责的内心出现。

假若你在刚开始的时候，还能够爱着他人，用赞扬的口吻谈论他人，一旦他人在某方面妨碍了你或是做了一些你不同意的事情，你便开始厌恶

他们，甚至恶意中伤他们，那么你就还不具备真正的爱心。如果你一直在指责他人，这就意味着你的心里根本就没有无私的爱。

那些能够认识到万事万物的核心都包含着"爱"的人们，总是能够发掘出爱的伟大力量，并且在自己的内心不给"谴责"留下任何生存空间。

那些未能认识到这种"爱"的力量的人，容易把自己视为他人言行的评判者及处置者。

"爱"是不会给人们贴上各种各样标签的，也不会把人们归为各类的。**具有无私的爱的人，既不会强迫他人接受自己的观点，也不会想方设法地让他人相信自己做事的方法才是最高明的**。他能够认识到爱的定律，在生活中，他也能处处遵循这一定律，他能够以同样平静的心情及温和的态度对待所有的人。总而言之，他能够平等对待有道德修养的人和道德修养比较差的人，能够平等对待智者和愚者、不学无术的和没有学问的、无私的与自私的人。

只有依靠长期的自律，只有依靠一次又一次地战胜自己，你才能获取这种爱。只有内心纯洁的人才能看到世间的美，当你的心灵达到足够纯洁的境界时，你就能够获得新生，那不会消失、不会改变、不会带来痛苦与悲伤的爱才能够在你心中苏醒，你也才能够生活在宁静安详中。

那些致力于培养这种爱的人，一直都在努力克服想谴责他人的想法。哪儿有了纯洁的认识，哪儿就没有了"谴责"的存身之地——只有在没有谴责的内心世界，才能培养出完美的爱。

培养自己坚强、公正及善良的品格，努力让自己成为一个纯洁无私、充满爱心的人；培养自己敢说真话，不胡乱指责他人的良好习惯。倘若你能做到以上几点，你就能走上平静的道路，内心充满对世人的爱。在生活中你会慢慢认识到，总让他人按照自己的意愿行事不仅是错误的，而且也是行不通的。不与人争执，你仍然可以把自己的长处发扬光大；不炫耀你的聪明才智，你依然可以成为人们心目中的强者；不压制、不反对别人的意见，你依然可以靠你的光明磊落征服他人的心。爱的力量如此巨大，它能够征服一切，爱的思想、行为具有永恒的生命力。

幸福不生不灭，而且没有任何条件。幸福来自爱，爱是不争的——当你爱自己的孩子的时候，你不会与他争任何东西，但你非常幸福。如果想让你的气场强大，那就下大功夫去爱；如果想让你的气场吸引幸福，那就不要去争。

向永恒的爱求助

爱可以扫清一切不幸的东西，当你爱一个人的时候，他所有的不幸就会变成幸福，所以，如果想要幸福常在，就要向爱求助。

天下的母亲用一腔爱心哺育着自己的孩子，假若她幼小的孩子不幸夭折，这位母亲一定会陷入巨大的悲痛之中，这一点是可以理解的。她因失去爱子而流泪，她会为此痛心疾首，这是人之常情，也是可以被人们理解的。天下的母亲具有常人的爱，而经历过磨难的她们，往往会有许多感悟，会逐渐向爱的最高境界靠拢。

我们可以理解，母子、兄弟、姐妹、丈夫、妻子在自己所钟爱的对象撒手人寰时，他们便会陷入极度的悲伤之中。他们在经历了这种磨难之后，便可能学会把他们内心的爱转向整个世界。

我们可以理解，骄傲自大者、心怀叵测者及热衷于个人享乐者，是应当遭遇失败、羞辱及不幸的，因为他们一定要经历过磨难的考验，只有吃

一堑，方能长一智。有了这种考验，他们才会静下心来，对人生中神秘莫测的事物进行沉思；有了这种经历，他们的心灵才能够得到净化，他们才能为接受真理做好准备。

当苦恼之针刺痛常人的爱心时，当忧郁和孤单的阴云笼罩着追求友谊与信任的心灵时，常人的那颗心就会向永恒的爱求助，希望获得真正的宁静。

爱的辉煌，只有在经受过悲伤的心中才能得以显现。**爱是幸福的根缘。只有那种不寻求任何个人满足及回报，并且不带任何偏见、不让任何人心痛的爱，才可被称为真正的爱。**

那些追逐私利的人，其实整日都生活在邪恶的阴影中，他们认为这种爱是可望不可及的。他们觉得获得这种爱不是他们应该操心的事。实际上，对追逐私利的人来讲，把内心及思维中的自私自利想法清除一空时至高无上的爱便能成为追求者能够获取的目标。

这种爱不仅能把人的心灵拯救出罪恶的深渊，而且也能使人获得抵御各种诱惑的能量。

你若能真正了解这种爱，你就会迎来一段崭新的人生，就不再会被你昔日追逐私利的自我左右了。在人们心目中，你变成了一位富有耐心、品性纯洁、能够自我约束、慈善为怀及和蔼可亲的人。

这不只是一种情操或感情，它是一种智慧状态。进入这种状态的你可以摆脱邪恶思想的统治，可以消除自己的一些错误想法，使自己具有一颗高尚的心。在智者眼中，智慧与爱是一体的，也是不可分割的。

整个世界正朝着爱前进着。正是为着这一目的，宇宙才得以存在。人类对幸福的每一次追求，对未来蓝图的每一次勾画，都是为实现这种爱所做的一次努力。但这个世界上许多人还没有认识与理解这种爱，他们对这种爱视而不见，因此，这个世界仍然存在着苦难与悲伤。

所有乐意放弃追逐私利的人，所有准备与自私自利决裂的人，都能够获得这种爱，获得这种智慧，享受这种平静，安驻在这种一尘不染的心灵境界里。

宇宙间根本没有独断专横的力量，而命运的锁链则是人们自己锻造出来的。人们之所以被苦难的锁链束缚着，是因为他们的自私心所致，是因为他们认为自我的小小空间是甜蜜、美丽的。他们担心如果他们抛弃了自私自利的自我，他们就会丧失自己已经拥有的一切。

每个人都会因为自己所犯的错误而遭受苦难，其他的人都无法帮你承担你犯下的错，其他的人更无法决定你的人生。

人世间的苦难和幸福总与人们的思想行为如影随形。在我们生存的世界里，任何一种果都有其潜在的或已被揭示出来的原因。有些人收获的果实是苦难，这是由于他们在最近或遥远的过去，早早播下了恶的种子；有些人收获的果实是幸福，这是由于他们在最近或遥远的过去，早早播下了善的种子。人们应该对此进行认真的思考，并且去努力理解因果定律，这么一来，在以后的人生道路上，他就将开始只播种善的种子，收获幸福的果实。

舍弃那些妨碍幸福的东西

古时有一则公理："每件东西自有其价值。"从商业的角度来讲，每个人都知道这一点；可从精神的角度来讲，知道这一点的人就不多了。

生意人讲的是等价交换——顾客掏钱得到了商品，而商人则靠卖出商品得到了金钱。这种观念被非常普遍地接受了，而且被所有人认为是公平

合理的。

对于精神方面的事物而言，方法也是一样的，交换的形式却不同。在物质方面，每次交换过程中，双方都需要互换一件东西。这种交换形式是固定的，交换的东西往往具有不同的使用价值。比如，一个人可以带上钱去一家商店，用钱去交换一些食品或衣物，而且他能够得到与他花出的钱等价的商品。然而，如果这个人拿着一美元去找一位真正的哲学大师，请求大师教他价值一美元的哲理或智慧，那么，大师多半会告诉他，哲理与智慧是无法用钱买到的，精神事物的本质属性把它们排除在了商业交易之外。

充满智慧的大师也多半会告诉他，如果他一定想要这些精神必需品的话，尽管金钱是无法买到它们的，但它们还是有其价值，想得到它们，就必须放弃一些东西。换句话说，**想得到精神食粮的人不必付出金钱，但他必须贡献出自我，或放弃他思想上的自私自利**——他放弃了多少自私自利、损人利己，他就能马上得到多少哲理与智慧。这种交易从不会失败，而且它绝对是公平合理的。如果一个人确信付出多少钱，就能够换来多少美好的食品或衣物，那么他也应该确信自己需要放弃多少自私自利等负面品质，就能得到多少不易腐烂变质的精神必须品。很多人可能没有观察到法则是如何在我们的日常生活中起作用的，但法则是确实存在的，而且它也确实是可靠的。

一个人可能很珍爱他的钱财，但为了让自己生活得更加舒适，在得到想要的物质商品之前，他必须舍弃一部分钱财；一个人可能会对自私自利的做人方式情有独钟，但他在得到精神上的愉悦之前，也必须舍弃这些自私自利。

当一个精神焕发的人把精神食粮——善良、同情、关爱——给予他人的时候，作为回报，他也会得到幸福。然而，当他得到幸福之后，并不意味着他要把幸福囤积起来，吝啬不舍，而是意味着他应当把得到的幸福转赠他人，进而得到其余的精神食粮——精神领域的交换——实现社会成员在精神领域的幸福感的相互交换。

所谓最自私自利的人，也就是把只为自己攫取幸福视为人生主要目标的人，他其实就是精神世界的吝啬鬼。他的头脑可能因缺乏精神食粮而变得贫穷不堪。尽管他可能在个人享乐上实现了一些目标，得到了一些物质财富。这主要是因为他只崇拜物质上的幸福，而忽略了精神世界里的幸福——无私交换的精神。

那么精神幸福究竟是什么呢？它们是善良、友谊、自制、耐心、信任、平和、无尽的爱和无限的同情。这些幸福，作为人类必备的精神食粮，是可以被我们获取的，但在获取它们之前，我们也一定得付出一些代价，比如，敌视、残忍、恶意、冷漠、焦躁、怀疑、争斗、仇恨，等等，所有以上这些情绪，连同其带来的一时享乐和个人满足感，我们都必须舍弃掉。只有当人们真正舍弃了它们，才能得到它们在精神上的对应物，才能真正收获那永恒的幸福，人们所付出的舍弃物就是获得它们的交换物。

当一个人把钱付给一位商人，而作为回报得到了自己想要的商品时，他不会希望他付出去的钱再回到自己腰包，交换的结果自然是他心甘情愿地舍弃掉这笔金钱。因而当一个人为了获取正义而舍弃掉邪恶时，他也不应该希望浸透着自私损人的个人享乐思想再回到自己身上——既然选择了交换，就应该保持平和的心境。

幸福的气场也在不断与外界交换，交出自己的幸福，换回别人的幸福，交出自己的不幸，换回别人的不幸。如果内心充满不善的东西，那么气场与外界交换的就只能是不幸。所以说，那些真正妨碍你幸福的东西，正是大家公认的恶，要想幸福，就一定要舍弃它们。

气场的真相

　　人生道路上碰到的诸多问题以及社会上的一些阴暗面，常常令人烦恼不已，有时甚至令人心灰意懒，对人生产生怀疑。之所以会出现这种局面，是因为他们被自身出现的各种问题深深束缚住了，在黑暗中看不到前进的方向。实际上，人们倘若能努力摆脱束缚、解放自我，就能够发现真理、看到光明；倘若人们一心追逐私利，自己甘为转眼即逝的物质财富与个人享乐的奴隶，那么他们就是把真理拒之于门外，永远也无法认识永恒的真理。

　　倘若你能彻底消除自私自利的思想，那么你能够克服遇见的一切困难。

　　卡莱尔称："一味地追求个人幸福，并不是较高层次的追求。如果一个人可以不为获得个人幸福去做事，到头来他反而能够感受到无尽的幸福……人所钟爱的，不应是个人享乐，而应是真理。倘若你拥有一颗追逐真理、追求完美的心，那么你心中的一切矛盾都会被化解，你的心境将变得宁静而安详。"

　　那些愿意摒弃自私自利，与大多数人所热衷的不良品性挥手告别的人，是真正的命运强者。他们能够把困惑与茫然弃之身后，让自己的人生更富有价值。虽然在许多俗人眼中，他们是连个人幸福都不去考虑的彻头彻尾的傻瓜，但实际上，他们才是具有最高智慧的人，他们真正步入了永恒的精神境界。到达了这一境界，他们无论做什么事都得心应手，他们已经掌握了真理，可以轻而易举地成就任何事情。

　　理智要比动物般的原始冲动层次高，而智慧又比理智的层次高。得到启蒙的他们，也获得了这种智慧——他们克制了自己的欲望、改正了自己的错误、消除了自己的偏见。他们具备了自我献身的精神之后，甚至能够为了他人的幸福放弃自己宝贵的生命。

生命的真相就是——毫无保留地奉献一切的人，最终常常赢得一切，并能够安然生活于无限的幸福中。

只有那些不再追求一己之利，并勇于自我牺牲的人，才有资格步入永恒。只有不再相信过眼云烟般的自私自利，人们才能够相信伟大的自然定律，相信至高无上的善良，才能为拥有持久的幸福做好准备。

对于真正的智者来说，世上根本没有遗憾，没有失意也没有怨恨，因为这些挫折从根本上来讲都是由个人的自私自利造成的。既然智者早已把自私抛到了九霄云外，那么无论他的生活中发生了什么事情，他都会认为这是为了获得最终生命幸福的考验，他总会感到心满意足。他不会再受到尘世间的风雨变迁影响，即使听到战争要爆发的消息，他也不会失去内心的平静。当许多人整日怒气冲冲，动辄与人争吵，不相信世间有善意真情的时候，他也能够向所有的人献出自己的一片爱心。虽然这个世界上还存在很多不尽如人意的事情，但他能够认识到，这个世界仍然在颠簸中不断前进着，而且他还能认识到，这个世界有它的欢笑与哭泣，有它的发展与停滞，有它的盲目与智慧，有它的光明与黑暗，有它的美德与罪恶。历史的车轮一直在滚滚向前，在天堂光芒的照耀下，这个世界一直都在前进着。

当争执冲突的暴风骤雨席卷这个世界时，智者能够透过真知，用同情的目光看待它，他们能够认识到风雨很快就会过去，在人类伤痕累累的心灵废墟上，不朽的智慧殿堂会拔地而起。

具有最大的耐心、无限的爱心、纯洁的真心，这样的人，就是人类的福祉。当他讲话时，别人会在内心思考他的话语，并且能够在这些话语的启发下，逐渐找到开启幸福大门的钥匙。

打开幸福大门的钥匙就在门外那块地毯下面。为什么找不到呢？因为一旦揭开地毯，上面那些不良品格会不高兴，会让人觉得失去的太多了。但实际上，你所失去的，才是你真正得到的。让我们想一想，人从生到死，能真正带走的是什么呢？你活着时拥有的在死后都将无处附着，只有你奉献给这个世界的，借着你名字依旧熠熠生辉。**气场的真相就是这样，你越在乎你得到的，你气场的力量就越小，相反地，力量就越大，你的幸福也就越多啊**！

1．总让他人按照自己的意愿行事不仅是错误的，而且也是行不通的。不与人争执，你仍然可以把自己的长处发扬光大；不炫耀你的聪明才智，你依然可以成为人们心目中的强者；不压制、不反对别人的意见，你依然可以靠你的光明磊落征服他人的心。

2．人世间的苦难和幸福总与人们的思想行为如影随形。

3．善良、友谊、自制、耐心、信任、平和、无尽的爱和无限的同情。这些幸福，作为人类必备的精神食粮，是可以被我们获取的，但在获取它们之前，我们也一定得付出一些代价，比如，敌视、残忍、恶意、冷漠、焦躁、怀疑、争斗、仇恨，等等，所有以上这些情绪，连同其带来的一时享乐和个人满足感，我们都必须舍弃掉。

4．生命的真相就是——毫无保留地奉献一切的人，最终常常赢得一切，并能够安然生活在无限的幸福中。

幸福气场的"增效器"

所有真正的、彻底"舍弃"的行为，都发生在一个人的内心世界里。

平静、稳重、审慎的行为习惯可以给你带来很大的好处。

不时发作的坏脾气是破坏一个人幸福的最大因素。

固执己见或一意孤行的处世方式，其实是一种自私自利的心态在作怪。

贪欲及所有贪得无厌的思想，是绞杀我们生命的铁锁链。

哪儿有了仇恨，哪儿就会笼罩着不幸的阴云。

所谓对事物分寸感的掌控力，是指能看清事物本来面目的能力。

我们面临的烦恼，很多时候并非来自事物本身，而是我们对事物的看法，我们自行制造出的阴影———种脱离真实的梦魇感觉，它成了我们思想上的"难以承受之重"。

幸福气场的"增效器"就是"清洗器"。幸福气场人人天生就有，但被人生的欲望搞得七零八落，只要把那些"脏东西"洗掉了，你的幸福气场就能显示出威力了。

"有所舍弃，才能有所获得"、**"如果我们的一生只知道对外贪婪地攫取，到头来必输无疑"**……这些都是似非而是的真理。一个人若想在美德方面有所获得，他必须放弃很多随心所欲带来的愉悦感。一个人每向真理前进一步，都需要放弃一意孤行和武断专行的错误。

想换上一身崭新衣服的人，必须首先把破旧的衣服脱掉；想找到真理的人，必须首先舍弃以前错误言行的羁绊。果园的园丁为了获得丰收，辛勤地除去了果树旁边的杂草。这些杂草被除掉之后，经过雨水的浸泡，腐烂之后的杂草最终会成为帮助果树成长的肥料。有了这些肥料，果树便能结出累累硕果。

同样的道理，只有把愚昧的杂草连根除掉，智慧之树才能茁壮成长，果实累累。一个人只有舍弃生命里的一些东西，才能够收获真正幸福的人生，才能获得没有磨难，没有痛苦肆虐的人生。这种舍弃不仅限于外在的东西，它肯定还涉及到内在的过错与污秽——**因为给我们的人生带来苦难的，正是内在的过错与污秽。**想获得幸福人生，需要被舍弃的不是生命里的善良与真诚，而是邪恶与虚假。

所有的舍弃最终都会有回报，舍弃并不意味着实质上的损失。尽管在刚开始的时候，舍弃的损失似乎很大，做出舍弃的选择也非常痛苦，但这只是由于自我欺骗与精神愚昧在作怪，因为自我欺骗与精神愚昧总是和自私自利形影不离。割舍人性中的自私部分时常会伴随着痛苦的情感体验。

放弃坏习惯并不损失什么

烟民都知道吸烟有害健康，但即便知道这样，危及生命，也还是戒不掉。为什么呢？戒烟很痛苦。由此你可以想明白，为什么那么多人认为幸福必须从痛苦得来的吧。

对一个嗜酒如命的酒鬼来讲，当他下决心戒酒时，肯定要经历一个痛苦的阶段，而且他会感到自己丧失了一项很大的快乐。然而，当他成功地戒了酒，他对酒的那种强烈欲望被彻底消除时，他的内心会非常平静而安详，随后他便能认识到，他尽管舍弃了那种自私、低级的享乐，但他的收获不可估量。他失去的只是恶习与虚假的快乐，而且它们根本不值得留恋——是的，保留它们只会给自己带来无尽的苦难。一旦舍弃了这种享乐，他在品格修养、自制力控制方面，在心境的安详、平和方面的获得，是良好又真实的。

对真正的"舍弃"而言，其道理也是一样的。从刚刚开始做出舍弃的决定，直至做出完全舍弃的行为，这期间人们定然会感受到痛苦，这就是为什么不少人回避它的原因。这些人根本认识不到节制并最终克服低级趣味的深远意义。他们总在担忧自己会失去许多甜美的东西，而且认为"舍弃"最终会令自己失去快乐与幸福，整日生活在痛苦之中。但是，如果他们能清楚地认识到通过舍弃自己在某方面表现出的自私自利，他们将获得巨大幸福的话，那么他们将乐意克服重重困难，让自己成为一个有着高尚内心的人。

一个人只有心甘情愿地做出牺牲，在舍弃个人享乐的时候既不指望任何收获，也不图任何回报，他才能成为一个大公无私的人，进而步入至高无上的幸福殿堂。正是这种不贪求的心理状态构筑了大公无私之魂。一个人必须甘愿克服自己自私自利的习惯，告别昔日那种只追求个人得益的做法，因为那种生活带来的快乐是转瞬即逝的，而且没有任何价值。我们在做一件正确事情的时候，既不要期望在事后获得丰厚的物质回报，也不要抱着做了这件事就能让自己从中获得精神提升的想法。是的，我们必须要做好充分的心理准备，心甘情愿地做出个人牺牲，愿意脱离低级趣味，放弃无谓的个人享乐。倘若他果真能够这么做，他便能欣喜地看见自己的进步，生活也会日渐幸福。

当我们消除了内心的贪欲时，真的遭受损失了吗？当窃贼舍弃了偷窃的恶习时，他遭受了损失吗？当放荡不羁的浪子愿意回头，毅然舍弃他昔日那些穷奢极欲的享乐时，他遭受损失了吗？

实际上，没有谁会因为舍弃了内心的自私自利，或一些错误的言行而遭受损失的，但是，很多人可能会认为舍弃长久以来养成的习惯必定会遭受损失。由于他抱着这种念头，他拒绝改变，就很可能会一直遭受磨难。实际上，他只要彻底清楚了事情真相，勇于舍弃错误的东西，那么他肯定是最后的赢家。

所有真正的彻底"舍弃"，都发生在内心世界里。"舍弃"归根结底

是精神上的事情，而且都是暗暗进行着的——一个人内心的良好心态对所做事情的发展、完成起着促进作用。真正对完成事情有益的做法就是舍弃内心那庞杂的自私自利的思想。

所有的人在其精神进步的过程中，都要做到以上这点。但这种克己的思想包含在什么行为之中呢？它如何被实践的呢？我们在哪儿可以找到它呢？答案就是：它包含在克服日常那些自私的思想倾向的行为中。我们可以在与别人的日常交往中实践它，我们可以在内心骚动不安及受到诱惑时找到它。

内心做出的"舍弃"，不仅于己有益，于人也有益——尽管做出舍弃决定的人要为此付出许多努力，承受一些痛苦，但这一切都是值得的。

人们总是渴求干出一番伟大的事业，做出某种可歌可泣的业绩，但与此同时，他们时常忽略了需要认真去做的小事，他们甚至对一些必要的放弃行为视而不见。

让你难以自拔的罪恶潜藏在哪儿呢？你的弱点究竟在哪儿？诱惑时常在哪儿对你发起最猛烈的攻击呢？你的首次舍弃需要在何处落实，进而能找到一条通向平静祥和的道路呢？

扔掉不良习惯，你并不损失什么，因为扔下的不过是包袱。或许你最需要舍弃的就是愤怒或刻薄。你是否为舍弃愤怒的冲动和话语以及刻薄的言行做好准备了呢？你是否打算平静地对待他人给予的攻击、指责和冷漠，并拒绝"以其人之道还治其人之身"呢？并且，当这些不怀好意的愚昧之人非常恶劣地对待你时，你是否打算报以同情和关爱呢？如果你的答案都是"是"的话，那么，我可以欣喜地宣布，你已经为从根本上舍弃了那些不好的言行，全面提升自己的修养做好了充分的准备。抛弃不好，向好的方向而行，你的幸福气场就会发挥威力了。

平静如水，扑灭你的愤怒之火

幸福只认识幸福，所以，如果你是愤怒的、刻薄的，那么，你就别指望气场给你带来幸福。

不管你是谁，如果你养成了动辄恼怒或刻薄待人的习惯，那么你要立即克服它们。这些强烈、冷漠的错误心理状况对你毫无益处。它们只会给你带来不安、惶恐和愚昧，它们也会给你周围的人带来不幸。

或许你会说："我这么对他，是因为这个人不安好心，过去非常不公正地对待了我！"也许实际情况的确如此，但你给出的是一个多么苍白无力的借口啊！一个多么怯懦、多么软弱无力的推辞啊！因为如果他满怀恶意地对待你是一件非常错误的事，严重危害了你的身心健康，那么你反过来这样对待他，也同样是非常错误的，也同样具有很大的危害性。他人对你的不好，绝不能成为你自己冷漠无情态度的遮羞布，反而，他人的不善反倒应该是催促你更加善待他人的呼唤。

如果洪水向你袭击时，你也针锋相对地用更多的水迎击洪峰，那么你能够避免洪水的侵袭吗？我们要清楚，我们自身的刻薄根本不会淡化他人刻薄带来的伤害。既然我们不能用一堆火去扑灭另一堆火，那么我们就无法用自己的仇恨怒火去扑灭他人的满腔怒火。

消除一切恶念和一切愤怒，这是非常有必要的。"如果两个人都心怀恶意，都怒气冲冲地对待对方，这只能导致他们之间互不相让、争吵不休。"因此，如果对方不怀好意，动辄恼怒，那么请你不要做一个"像他那样的人"。如果有人对你表示愤怒，或非常不友好地对待你，那么你应做的，就是努力找到自己在哪些方面做得还不够好，反复确认自己是否做了错误的行为，而不是用反唇相讥、以牙还牙的态度进行回击。

遇事时保持镇定、自制与沉着。通过不断地努力，养成做正确事情的习惯，学会同情那些做错事的人，我们的内心，会更加圆满。

或许你时常缺乏耐心，做事性急，遇到一点小事就爱发脾气。如果真是这样的话，那么你应当明白，你该暗自舍弃这些不良习惯，与你的性急与烦躁说再见。无论你在何时何地发现不良习惯露头时，请尽力铲除它们，一定要下定决心，永远不再臣服于性急与烦躁，而要全力以赴地征服它们。你千万不要错误地认为，自己之所以缺乏耐心、爱发脾气，是因为与你打交道的那些人非常愚蠢、令人生气。如果你真的这么想，那你一辈子也摆脱不了坏脾气的纠缠。

无论他人做了什么，也无论他们说了什么，即便他们嘲弄了你，辱骂了你，你的生气与烦躁都是毫无必要的，而且，你的过激反应只能使事态更加严重，并不利于问题的顺利解决。**平静、稳重、审慎的行为可以给你带来很大的好处，而缺乏耐心、大发脾气则时常表明你内心脆弱，遇事不知所措。**而且，发脾气能给你带来什么呢？它能给你带来宁静、祥和、幸福吗？它能让你的对手更清楚你的所思所想吗？难道它不会让你和对方陷入更加惨淡的境地吗？不仅如此，即使你的性急与烦躁可能会伤害对方，但它们肯定会更加严重地伤害你本人，并使你陷入孤立无助的困境中。

缺乏耐心的人不可能认识到什么是真正的幸福，因为他一直都是烦恼的制造者，他的**不时发作的坏脾气就是自身幸福的一个最大的不安定因素。**他对耐心能够带来的美丽与温馨一无所知，因为平和根本无法走到他身边，因而也就无法给他带来慰藉。

在性急与烦躁被舍弃之前，一个人是很难得到幸福的眷顾的。想舍弃性急与烦躁，意味着你必须培养忍耐精神，坚持自我克制，并养成一种崭新、温和的思维习惯。当性急与烦躁被彻底根除时，你的心境才会变得平和、宁静，也才能体验到真正的幸福。

> 只要我们每时每刻更多地为他人着想，
>
> 我们就能获得新生；
>
> 只要我们为了他人的利益愿意做出自我牺牲，
>
> 我们的人生就会更有意义。
>
> 打开你心灵的窗户，
>
> 让明媚的阳光在窗台上跳舞，
>
> 你将体验到无限的欢乐。
>
> 舍弃看似微小的不良嗜好，
>
> 你终将收获人生的美好。

由于自私的存在，你可能会沾染上一些不良嗜好。这些嗜好表面上看起来并没有什么危害，因此你非但不愿意舍弃它们，反而会纵容它们。实际上，任何以自私自利为出发点的不良嗜好都是有害的。人们为了得到个人满足而放任自己沉溺于这些嗜好，却没有清醒地认识到自己失去了什么。如果一个人的内心存在着高尚的人性，那么卑劣的兽性必定会逃之夭夭。很多为人所不齿的兽性有时看起来非常清白，甚至甜美，然而如果你迎合它，那么你必将远离真理、失去幸福。你多屈服心内的兽性一次，不计后果地多满足它一次，它就会一次比一次厉害，一次比一次难以对付，并将牢牢地控制住本该由真理占领的、你的内心世界。

一个人只有愿意舍弃自身那看似微小的不良嗜好，他才能逐渐发现自己具有的力量，才能够体验到欢乐。**一个人只有抛弃了低级趣味，才能够步入无限快乐的王国。**

彻底消除你昔日珍视的不良嗜好，把心思用在更高层次的、能够给你带来永恒幸福的事情上面吧，只有这样，你才能消除那种单纯追求享乐的欲望，才能收获更加自信、更有意义的人生。

与其忙着纠正别人，不如放下自己

那些忙着纠正别人的人，一定是疲惫的，因为人们不仅背负着自己的不快，也背负着别人的不快。这样的人要想获得幸福，最好的办法就是放下自己。

一个人如果能舍弃固执己见的做法，那么他不仅能让自己沐浴在真理的阳光里，而且会对周围的人和事产生广泛而积极的影响。这种影响的回报只会是幸福。舍弃固执己见，就意味着一个人不再任意干涉他人的生活，而是用一种充满理解和同情的态度对待与自己意见相左的人。

固执己见或一意孤行其实也是一种自私自利的表现。固执己见的人总是认为自己永远是正确的，他根本不愿赞同他人的意见和想法，而且他还时常把固执视为自身的一个优点。然而，一旦他开拓了自己的视野，感受到温和处事与自我牺牲带来的关爱，那么他将能清楚地认识到固执在本质上的愚昧和痛苦。

固执己见的追捧者总爱把自己的意见作为正确的标准和评判别人言行的尺度，他认为所有与自己意见不一的人都走上了错误的道路。他在忙着纠正别人的同时，并没有意识到自己应该不断提高自身的觉悟，从而他失去了让自己不断获得进步的机会。可能别人本来好心好意要帮助他，可他的心态只能使彼此间产生矛盾与摩擦，慢慢地，这种沟通不畅将挫伤他的

虚荣心，让他感到很悲伤，因此他在生活中总会抱着不快乐、不欢喜的埋怨思想。

对这样的人而言，世间根本没有真正的平静与祥和，也没有真正的知识和进步，除非他愿意舍弃那种让别人臣服于他的思想和欲望，否则事情只会越来越糟。他会逐渐无法理解别人的想法，不可能正确对待他人的艰辛奋斗与远大抱负；他会变得心胸狭窄，缺乏同情心，且无法与他人进行有效的思想交流。

一个人如果能舍弃固执己见的做法，在与旁人的日常交往过程中，抛弃个人偏见，虚心向他人学习，理解他人的想法，允许他人自由表达个人意见，尊重他人的生活方式，那么他必将具有远见卓识，必将越来越宽容仁爱，必将体验到更大的幸福。

贪欲及一切贪得无厌的思想，是绞杀我们生命的铁锁链。

能够心甘情愿地让别人得到他们应该得到的一切，对本不属于我们的东西不垂涎欲滴，而是很高兴地看到它们被别人拥有，为别人带去了幸福，不再把"这是我的"这句话时刻挂在嘴边，能够无私地、毫无恶意地满足他人的需要……这些心态就是长久平和与伟大精神力量的源泉，是舍弃利己主义的具体体现。

每个人对物质财富的拥有都只是暂时的，从这个意义上来讲，我们无法真正把它们称做是"我们的"。实际上，它们只会被我们保留很短暂的一段时间。然而，精神财富却是永恒的，一旦我们拥有了它们，它们便能永远与我们同在。"无私"就是一种珍贵的精神财富，我们只有不再垂涎于物质财富和个人享乐带来的欢愉，不再为了满足自己的乐趣而贪婪地想攫取所有东西，并且能够为了他人的利益做出必要的舍弃，这才能算得上拥有了"无私"这种精神财富。

真正无私的人，即便自己比较富裕，内心也不会产生物质财富 "全是我的" 的念头，因此，他能够摆脱与贪欲形影不离的恐惧与焦虑情绪。他不会把自己辛苦积累起来的物质财富看得过于宝贵，认为自己绝不能失去它们；他会把 "无私" 这一美德视为这个世界上极其宝贵、绝对不能失去的东西，为了别人的利益与幸福，他十分乐意放弃自己拥有的物质财富。

人把自己看得太重，最大的原因来自财富，也正因为此，人们才满眼都是别人的错误。

谁是真正幸福的人？是那些对物质财富贪得无厌，一心想着从物质享乐中得到幸福感的人呢，还是那些为了他人的利益与幸福，甘愿舍弃自己所拥有的物质财富的人呢？

宽容别人，就是解放自己

如果某个人伤害了你，你一直怀恨在心，那么他对你的伤害就会一直存在，只有放弃仇恨，这个伤害才会消失。幸福的人不会被伤害，就是因为幸福的人心中没有仇恨。所以，人们需要做出的另外一个决定，就是放弃仇恨，放弃对他人进行算计的恶毒念头。一个人一旦舍弃了这些念头，他就能够领略精神之美，能够疗治自己的心理创伤。

恶毒的念头与幸福是无法共存的。仇恨犹如一把烈火，谁在自己内心燃起了这把烈火，谁内心的和平与幸福之花就将被无情地烧毁。滋生了邪恶的念头的地方，当下就会成为地狱。

"仇恨" 有许多名字，而且外在表现形式也是多种多样的，但它们的实质只有一个——怨恨他人的强烈想法。

所有的怨恨和憎恶，包括对他人不怀好意的念头或恶语相加，实际上都是个体内心的仇恨在作怪。**哪儿有了仇恨，哪儿就总会笼罩着不幸的阴云**。如果一个人内心产生了怨恨他人的念头，那么他就会第一个掉进仇恨的泥沼中，不能自拔。当然，除非一个人能达到以德报怨的境界，否则我们是很难彻底舍弃恶毒的念头的。但你如果想获得真正的幸福，就必须彻底舍弃这样的念头。

无论别人怎么谈论你，无论别人对你做了什么，你永远不要生气，不要睚眦必报。如果他人对你怀着满腔仇恨，或许的确是你在某些方面有意无意地做错了，或许你们之间出现了一些误会，只有温和与理智可以让这些误会冰消雪融。我们要看清，仇恨是如此的渺小、如此的贫弱、如此的盲目，也如此的悲惨，而关爱则是如此的伟大、如此的强盛、如此的智慧和如此的幸福。

> 最高层次的文明，
>
> 就是言行无恶；
>
> 最优秀的改革者。
>
> 能最快地看到一切美好的东西，
>
> 一切有价值的东西。
>
> 他靠着自己的贤明与谨慎，
>
> 避免了错误行为，
>
> 走上了光明坦途。

舍弃一切恶毒的念头，把它们杀死在无私奉献的祭坛上。不要整日考虑自己是否受到了伤害，而应该认真思考自己的所作所为是否给他人造成了伤害。

敞开你的心扉，让那儿布满甜蜜、伟大与美好的关爱，在你心中孕育出呵护他人、维护和平的想法，不要把任何一个人，甚至包括憎恨你、蔑视你或诽谤你的人，抛弃于寒冷的荒野中。

舍弃私心杂念，获得至高无上的真知与幸福，这并不是靠一次伟大而光荣的行动就可以实现的。它的实现，靠的是日常生活中一系列细小而持续不断的个人牺牲，靠的是平日一步步战胜自私思想的念头和行为和领悟真理的言行。

倘若一个人每天都能在与内心的私心杂念作斗争中取得一点儿胜利，能够征服一个不怀好意的念头或某种令自我走向罪恶的欲望，那么他就能一天比一天坚强、纯洁与明智。因为每一次成功完成自我牺牲之后，我们的内心都能放射出一缕真理的光芒，**在一天比一天更炽盛的真理光芒照射下，我们就能一步步接近真理的光辉顶峰。**

不要到外界去寻找光明和真正的幸福，要从自身开始寻找，你很可能会在日常的自身职责里找到它，也可能会在舍弃某种不良习惯后发现它。幸福的气场也不必到身外去找，当你清空了内心，它自己就会出现。

看清本来面目，才能掌握好分寸

我们陷入梦魇中的时候，梦里的很多事情可能会变得毫无章法，彼此之间根本没有联系的事情会接二连三地发生，甚至可能所有的事情都是危险的，而且带有一种深邃的迷惑与悲凉感。

生活中的聪明人会把陷入利己主义的人的人生看成一场梦魇。自私自

利的人生经历与陷入梦魇中的人的经历有非常相似之处。在自私自利的人生中，一个人对自己所处位置分寸感的把握能力已经丧失殆尽，他所能看到的，只是那些会影响到他自己的自私目的的事情，而且，他身上常伴有狂热的激动情绪，带有让旁人不堪承受的麻烦和灾难，这与那种在睡眠中遇到的混乱的梦魇状态十分类似。

在一场梦魇中，自我控制的意志和能感知外物的智慧处于休眠中，而在一种自私自利的人生中，良好的人生品质、杰出的精神感知和对外在环境分寸感的把握能力，同样处于沉睡中。

很多人在脑中缺乏对分寸感的掌控能力。他们看不到一个自然物体与另一个自然物体之间的正确联系，因而他们对自己周围的美丽与和谐景观毫无感觉。

所谓的分寸感能力，是指能看清事物的本来面目的能力。这种能力的增强需要我们不断进行培养。当这种能力被成功应用时时，它包含的全部智慧，可以使我们的品格变得更加高尚。人们普遍缺乏这种对分寸感的掌控能力，因而努力培养这种能力对于大部分人来说便显得更加迫切了。这是因为，要看清事物的本来面目就需要让忧伤情绪没有生存的土壤，让悲伤哀怨没有存身之地，但想做到这一切是非常困难的。

我们感受到的所有悲伤与焦虑，所有恐惧与烦恼，它们是从何而来的呢？难道不是因为事情并不像我们希望的那样发生了吗？难道不是因为欲望的多样性妨碍了我们以正确的眼光看待事物，而没有认清它们的真正本质吗？

当一个人的内心充满了悲伤时，他看到的只是自己失去的东西。在这样的情况下，他是做不到高瞻远瞩，看不到广阔的人生画卷的。其实，悲伤之事本身可能是微不足道的，但它在承受者的眼中，却成为一件非常严重的事情，它带来的困厄感被承受者人为地夸大了。

所有已过而立之年的人都可以回顾一下自己过去的人生经历，回想往日自己在碰到生活中发生的不幸事情的时候，心里是否会充满焦虑，心头是否会笼罩着悲伤的阴云，甚至整个人都处于绝望的边缘。但今天再回过头去审视那些不幸事情的时候，看清它们在自己整个人生中所占据的真正位置时，就会觉得，那些事情其实并没有自己当初认为的那么严重。

有些人甚至一碰到自认为非常不幸的事，便有了弃世的念头，可如果他能冷静下来，压制住动手结果自己性命的念头，坚韧地活下去，可能再过三年五载，他回过头来看当时的不幸之事，就很可能会觉得自己当初怎么那么愚蠢，只为了一件小小的不顺心的事，竟然会产生自杀的念头。

当一个人的头脑被狂热情绪占据，或充满了悲伤情绪时，他便会失去理性判断事情的能力，无法掂量清楚事情的真正尺寸，不能对事情做认真深入的考虑，当他受到某些事情困扰时，他也不能觉察到事情的真正威胁与严重程度。这样一来，这个人便很容易陷入一种梦魇般的怪圈中，他身上的各种综合能力都会受到束缚。

很多思想狂热的人都严重缺乏掌控分寸感的能力，在他们看来，他们的立场或观点是完全正确的，而且总是好的；反对他们的人的立场或观点总是坏的、错误的。他们的理由和自己的偏爱密切相关，无论用什么理由去解释事物，都会让这些理由服务于自己的偏爱意识，而不是服务于事物的本来面目。他们是那么相信自己是完全正确的，而具有同样智慧的、与自己意见相左的人则是完全错误的，这样一来，他们根本不可能在遇事的时候保持公平公正的态度。他们对正义的唯一理解，就是凡事以自己的喜好为中心，或把对事物的掌控权牢牢掌握在自己手中。

在对待物质世界里的东西时，一个具有分寸感的人总是可以消除不和

谐的因素；在对待精神世界里的东西时，一个具有分寸感的人则可以消除冲突双方思想上的斗争意识。

真正的艺术家在任何地方都看不到丑陋，他只会看到美好。有些人看来十分讨人厌的东西，在真正的艺术家看来，即使是讨人厌的东西在自然界中也是不可或缺的，它们占据着它们该占据的位置；真正的先知在任何地方都看不到邪恶，在他的眼里，整个宇宙都充满了善良，那些让人厌恶、痛恨的事物，真正的先知却能冷静而坦然地观察它们，并在心里得出不偏不倚的结论。

很多人在心里产生的担忧、悲伤情绪和之所以与别人发生斗争，多半是因为他们缺乏这种完全掌控事物分寸感的能力，他们没能看清事物之间的正确联系。其实，**并非事物本身让他们的内心骚动不安，而是他们自己对事物的看法，他们自我制造出的阴影，一种脱离真实的梦魇感觉成了他们思想上的难以承受之重。**

合乎真理的对事物分寸感的掌控能力，可以得到后天的培养与发展。这种能力可以把人转变为冷静的睿智者，可以让我们在最大程度上保持内心的平静，不再费尽心机地去追逐不值得付出心思的事物。

其实，事物明明白白地摆在人们面前，为什么还有人看不到事物的分寸呢？同样的，幸福清清楚楚地摆在人们眼前，为什么依然有人找不到呢？这两个问题的答案都在于，眼前的私欲扭曲了分寸和幸福，不是看不到，而是看到也不认识。一个人的精神世界如果洁净整齐，那么他必定心智健全，遇事能做到平心静气，内心充满了公平与正义，并能发现宇宙的完美、和谐美。

让气场增效的十大超凡美德

当我们愿意对外界付出善良时，我们的人生就会充满幸福。幸福是善良者平日所处的正常状况。那些外在的侵害、袭扰和压迫虽给普通人带来了巨大的痛苦，但它们却只能为增添善良者的幸福而服务，这是因为它们会使善良者内心的善良力量更大、更强。

谁拥有超凡的美德，谁便可以享受超凡的幸福，那些更高层次的美德不仅能给人们带来幸福，它本身也是幸福的化身。一个具有超凡美德的人是时时处处会感受到幸福的。不幸福的因，只会存在于"自怨自艾"之中，而不会在"自我牺牲"中找到落脚点。一个具有平凡美德的人，还有可能感到不幸福；一个人拥有了超凡美德的人，他必定会与幸福为伴。为什么这么说呢？因为人类平凡的美德中掺杂着自私，因而这种美德并不能完全消除悲伤的阴云，但超凡的美德中是不会夹杂丝毫自私成分的，因而，悲伤的阴云便被超凡的美德完全驱散了。这正如，一个人在面对别人的攻击进行自卫的时候可能有雄狮般的勇气（这样的勇气便是人类的一种平凡的美德），但他无法因为这种美德获得至高无上的幸福。

拥有超凡美德的人即使在遭受攻击时也能保持温和、平静的心态，心里依然充满着对他人的关爱，这样的人自然可以获得至高无上的幸福。此外，就连攻击他的人也能强烈地感受到他的善良，这种善良可以逐渐熄灭他们的仇恨烈火，消除他们内心的邪恶，也能让他们体验到更多的幸福。

我们一旦在内心培养出这种美德，就等于向真理迈出了伟大的一步。

包含着所有幸福与欢乐的超凡美德是什么呢？

公正——具有超凡美德的人能够深入了解大众的内心世界，洞悉大众的行为，他不会站在某个人的立场上，反对其他人，因而他做事总能不偏

不倚、公正无私。

无限友好——他能够无限友好地对待所有的人，包括男人和女人，甚至包含所有的生灵，无论对方是自己的朋友还是自己的敌人，他都不会厚此薄彼。

完美耐心——在任何时候、任何情形下，甚至面对最严峻的考验，他都具有完美的耐心。

极其谦恭——他能够完全舍弃自我，能做到谦恭待人，能够非常严格地评判自己的行为，能够真正站在别人的立场上对自己进行公正的评判。

一尘不染的纯洁——他们在思想与行为上都是纯洁无瑕的，已经摆脱了一切邪恶的思想与贪婪的妄想。

持续的平静——他们即便身处外界的争斗圈，即便置身于艰难困苦的环境中，仍能一直保持心境的宁静、安详。

永远善良——他们心地善良，不会受到邪恶思想的引诱，能够很自然地做到以德报怨。

同情——他们深深地同情那些遭受苦难的所有人，甚至包括所有的生灵，他们愿意保护弱小者与孤独无助者，甚至在同情心的驱使下保护自己的敌人，使其免遭伤害与苦痛。

无尽关爱——他们关爱一切有生命的东西，为别人的幸福与成功而欢喜，为别人遭受痛苦与失败而感到难过。

完美平和——他们平和地对待一切，与整个世界和平共处。

以上所列，就是超越了邪恶和平凡美德的超凡美德。它们涵盖了人类社会存在的一切平凡美德，同时又摆脱了平凡美德的局限，进入了真理殿堂。

超凡美德是只有经过不懈努力才能摘得的果实，是赠送给消除私心杂念人的珍贵礼物，是为征服自我的人准备的华丽桂冠。

阅读标签

1．他人对你的不好，绝不能成为你自己冷漠无情态度的借口，反而，他人的不善反倒应该是催促你更加善待他人的呼唤。

2．我们自身的刻薄根本不会淡化他人刻薄带来的伤害。既然我们不能用一堆火去扑灭另一堆火，那么我们就无法用自己心中的仇恨怒火去扑灭他人的满腔怒火。

3．遇事时保持镇定、自制与沉着。通过不断地努力，养成做正确事情的习惯，学会同情那些做错事的人，我们的内心，会更加圆满。

4．一个人如果能舍弃固执己见的做法，在与旁人的日常交往过程中，抛弃个人偏见，虚心向他人学习，理解他人的想法，允许他人自由表达个人意见，尊重他人的生活方式，那么他必将具有远见的卓识，必将越来越宽容和仁爱，必将体验到更大的幸福。

5．当一个人的内心充满了悲伤时，他看到的只是自己失去的东西。在这样的情况下，他是做不到高瞻远瞩，看不到广阔的人生画卷的。其实，悲伤之事本身可能是微不足道的，但它在承受者的眼中，却成为一件非常严重的事情，它带来的困厄感被承受者人为地夸大了。

6．拥有超凡美德的人即使在遭受攻击时也能保持温和、平静的心态，心里依然充满着对他人的关爱，这样的人自然可以获得至高无上的幸福。

歇一歇
等等幸福

给幸福气场"补充能量"

如果一个人的心总受到恶念的纠缠，幸福怎么能在那儿找到立足之地呢？

仇恨不是被报复行为消除的，是被宽容的心消除的。

一个人心里的冷漠与残酷不仅会招致别人的复仇举动，而且，冷漠与残酷的思想本身就是苦难的根源。

但愿人们能够意识到，人类之间的相互报复只能带来心痛、泪水、误解、流血与牺牲。

就像为了恢复体力，我们需要休息一样，为了恢复精神上的力量，我们需要不断进行自省。

反省与思考是真实而永恒的生命源泉。

战胜他人的人很可能会被后来者击败，而战胜自己的人则永远不可战胜。

如果一个人对别人给自己造成的哪怕是一点儿伤害都念念不忘，这是他心理阴暗的表现；如果一个人纵容自己的内心滋长对他人的愤恨，这不仅是在精神上自杀的表现，也是在扼杀自己的幸福气场。

　　培养自己高尚的精神，学会宽容他人，是一个人觉醒的开端，也是他能够获得平和心境与幸福人生的开端，更是获得强大幸福气场的开端。一个人倘若总想着他人对自己的蔑视，对自己造成的伤害和他人犯下的错误，那么他的内心将永无宁日；一个人倘若总感到自己受到了不公正的待遇，并图谋如何去挫败"敌人"的计划，那么他的心境就难以平静，心境不平，气场也就会紊乱不堪。

　　如果一个人的内心总受到恶念的纠缠，幸福怎么能在那儿找到立足之地呢？ 就如鸟儿会在燃烧着的丛林里筑巢、养育后代吗？幸福是不会与一个总是怒发冲冠的人相伴的，智慧也会离他远远的。

　　幸福只认识幸福，仇恨只带来仇恨。复仇只有在毫无宽容之心的人的眼中才能立足，然而，一旦这个人品尝到了宽容带来的甜美与安宁，他就会感到复仇是极其苦涩的。复仇似乎总能给那些在暴怒的黑暗中狂奔的人们带来某些快感，然而，一旦这个人走出了暴怒的黑暗之地，接受了宽容的温暖阳光的照耀，他就将明白在复仇思想的引领下，他只能走向苦难的深渊。

宽容让人生更顺滑

人生本来无所谓顺与不顺，只是有人觉得不舒服了，就起了个"不顺"的名字。不舒服多是因为不宽容，因为生命里平添了别人的错误，而且还总是耿耿于怀，总也绕不过去，自然就"不顺"了。幸福与不幸的差别，就在于此啊！

仇恨不是被报复消除的，而是被宽容消除的。由此可见，宽容是美好、甜蜜而有益的，宽容是关爱的开端。具有关爱品质的人，一定会处处为他人着想。谁若能很好地把那种关爱付诸于实践，谁就能最终步入那种无限幸福的境地。在那里，骄傲、虚荣、仇恨和报复带来的苦痛早已销声匿迹，留下的是无尽的善意与持久的和平。

在这种宁静安详的幸福境况里，甚至连宽容也会自行消失，因为它已经没有存在的必要了。这是因为身处这种境况的人已经看不到可憎恨的邪恶，他满眼只不过是需要同情的无知与谬见。

当憎恨、报复或冒犯存在时，宽容才有必要存在。对所有的

137

人给予同等的关爱，既是一条人们需要遵循的完美法则，也是自身还存在一些缺陷的人需要努力达到的完美境界。

宽容是通向至爱辉煌殿堂的大门之一。人们一旦明白空虚与伤痛的缘由，一旦认识到自己曾经盲目地评判过他人，一旦了解自己曾经不怀好意地对待过别人，就能变得温和而宽容，并借此治疗内心的一切创伤。记住，善待他人永远比复仇更高尚。

——威廉·莎士比亚

无恨人生必有的五种福气

"复仇"是一种侵蚀人们思想、毒害人们精神的病毒。浑身充满愤恨情绪的人，他的头脑无疑在发烧，"愤恨"会耗费健康思考所需的运动能量；"反击"也是一种思想疾病，它会吞噬掉仁爱与善意，令人变得残忍而盲目。因此我们每个人都应极力避开它们的侵袭。

一个人倘若毫无宽容之心，心中充满了愤恨之情，那么他就会丧失与幸福为伍的机会。一个铁石心肠、冷酷无情的人注定会遭受苦难，失去生命里的轻松与快乐。一个宽以待人、充满仁爱之心的人将能避开苦难，收获幸福人生。

如果我声称铁石心肠、毫无宽容之心的人将遭受巨大的磨难，可能很多人都会对此嗤之以鼻，但它的确是毋庸置疑的事实：根据宇宙间的引力法则，**他们心里的冷漠与残酷不仅会招致别人的复仇举动，而且，冷漠与残酷本身就是苦难的根源。**

如果一个人总是冷酷无情地对待他人，他会给自己招致五种苦难：

失去与群体成员间的良好沟通与友谊；

失去旁人的关爱；

受到心烦意乱与苦恼的折磨；

在情感上受到伤害；

受到他人的惩罚。

一个毫无宽容之心的人将不断遭受上述五种苦难，而一个富有宽容之心的人则能够收获以下五种幸福：

增强与群体成员间的沟通，加深彼此间的友谊；得到旁人的关爱；

拥有宁静、平和的心境；

因克服了冲动，消除了骄傲自满而获得满足感；

被他人友好地善待。

如今，许许多多的人正忍受着自己毫不宽容的内心带来的疯狂折磨，但只有为数不多的人能够在遭受苦难后进行反思，继而找到问题的症结，提出解决问题的方案，真正获得自我解脱。

但愿人们能够认真思考世间的争斗到底会给参与其中的人们带来什么，并认清这样一个可悲的现实：个人与个人之间、团体与团体之间、邻里之间和国家之间相互报复的例子层出不穷，但争斗的双方是否如他们所愿，收获了幸福与美满呢？**但愿人们能够意识到人类之间的相互报复只能带来心痛、泪水、误解、敌对、流血与牺牲。**只有意识到这些，人们才永远不会因为别人的微小错误就心存恶意、伺机报复；不会再冷酷无情、铁石心肠；不会再"宁可枉杀、绝不放过"。

对所有的人都心怀善意吧，

139

　　与刻薄无情挥手诀别；

　　把贪婪与仇恨永远埋葬，

　　你的人生会因此充满爱与温暖。

　　倘若一个人能够做到宽容大度，不再睚眦必报的话，他便能从黑暗走向光明。

　　失去了宽容护佑的心灵一定会沦落在黑暗与无知的深渊中，那些明智的人，有觉悟的人是绝不会甘愿坠入这个深渊的。

　　人很容易受到自己心里阴暗而邪恶思想的欺骗与蛊惑。想要与冷漠、残酷的言行彻底决裂，意味着我们不得不放弃某种形式的骄傲与狂热，不得不消除妄自尊大的思想观念，舍弃自私自怜的想法。这是很不容易做到的，很多人即使认识到了宽容的美好，但由于实在割舍不下习以为常的骄傲与自负，忍受不了放低姿态之后带来的失落感，他们就继续挣扎在冷漠和残酷带来的深渊里。

　　微不足道的敌视、不足挂齿的埋怨和并不明显的蔑视，尽管从性质上来讲，它们不比埋藏于内心深处的愤恨与复仇严重，但它们仍然能贬低拥有它们的人的品格，玷污人们的灵魂。它们由私心杂念和妄自尊大孕育，受到内心虚荣之水的浇灌，最终会拥有蓬勃的生命力，难以被拔除。

　　谁若受到了虚荣的迷惑与欺骗，谁就很容易觉得他人在态度和言谈举止上冒犯了自己。**一个人的虚荣心越强，他就越容易感觉自己处处受到别人的冒犯，越容易夸大他人的不当之举。**此外，倘若一个人的内心整日充满了愤恨，他的脾气就会变得越来越暴躁，从而日渐走入更加黑暗、更加痛苦的自欺欺人的深渊。

　　不要总觉得他人冒犯或伤害了自己，想做到这一点，意味着这个人需要清除内心的骄傲与虚荣；不冒犯或伤害他人的感情，意味着这个人要能处处替他人着想，能做到心地善良、宽以待人。

彻底清除虚荣与自傲是一项伟大的任务。一个人只有在日常生活中做到不记恨他人，能认真审视自己的思想与行为，他才能圆满完成这项任务。此外，人们只有克服了骄傲与虚荣的思想，方可很好地做到宽以待人。

不轻易觉得自己受到了冒犯，和不轻易冒犯他人这两件事是相辅相成的。当一个人不再愤恨他人的言谈举止时，他实际上就已经开始友善地对待他人了，他已经学会在考虑自己的利益之前先考虑他人的利益，或者说学会了在思量他人是否冒犯了自己之前，先思量自己是否冒犯了他人。能做到这些的人必定温文尔雅、和蔼可亲。这样的人能够激发起周围人内心的关爱与善良，能够平息他人之间的争吵与争斗；这样的人心中不再担忧别人会怎样对待自己，因为一个人倘若充满了爱心，不去伤害任何人，那么他自然没有什么可害怕的。

如果一个人不懂得宽容他人，那么他就会迫不及待地报复别人对他的蔑视或伤害，有时候这种伤害仅仅是他凭空想象出来的。他根本不会设身处地地替别人着想，他总是首先考虑自己的得失，而在此过程中，他会不断地给自己树敌。由于他经常算计别人，因而他总觉得别人也在算计他，这样一来，他总是坚持 "防人之心不可无" 的想法。他会活得很累，很疲惫。

要想轻松地获得幸福，就别把别人的错误放在心上。这样的日子久了，你就会发现，原来幸福与不幸只有一念之差。

能量在内心世界里

气场是无形的，就像人的实质是内在、无形、非物质的一样，是存在于精神领域的。能够认识这一点，我们就能明白，我们生命与力量的源泉在内部而非外部，外部环境只是生命能源释放的渠道，能源的恢复还必须依靠平静的内心。

如果人们为了在喧嚣的世界里寻求感官享乐而极力打破内心的平静，极力涉足外界的冲突争斗，那么他们就只能收获许多痛苦与悲伤。当他最终再也无法忍受这些痛苦与悲伤时，他只好在自己内心深处寻找慰藉，希望重新回归过去的平和心境。

如同人只吃果类或谷物的空壳，身体就难以获得完全的营养一样，精神也是无法靠空虚的享乐来建设的。人如果经常不吃饭，身体就会慢慢受到损害，整个人也会渐渐丧失活力，并因饥饿、干渴而使身体上遭受痛苦，并迫切需要获得食品与饮料的供给。对精神而言，道理也是一样的。精神必须经常靠纯洁的思想来为它补充营养，否则它就会逐渐丧失力量，并因饥渴而遭受痛苦。

苦恼的内心对光明和慰藉产生的渴望，其实就是饥渴的精神产生的、对能量的迫切需求。一切痛苦与悲伤，实际上都是精神饥渴的表现。

精神之人的纯洁生活是无法在满足感官需求的过程中找到的，满足感官需求，只会令我们的精神生活日渐乏味——无数低级的欲望总在大喊大叫，企图套牢我们的内心，但它们根本无法带来长久的平和与宁静。沉迷于外部世界的物质享乐和喧嚣热闹，只会让人遭受折磨，而精神上的自省则可让人体验到真正的幸福。

就像为了恢复身体力量需要休息一样，为了恢复精神上的力量我们则

需要不断自省。自省是恢复精神健康的良药，如同睡眠是恢复身体健康必不可少的良药一样。在自省中孕育出的纯洁思想，对精神所起的作用，如同锻炼活动对身体所起的作用。人的身体被剥夺了必需的休息与睡眠就会垮掉一样，人的精神被剥夺了必需的平静与自省也会垮掉。而幸福如果不通过自省去体味，它的味道也会越来越淡，甚至消失于无形。

信仰所能起到的安慰作用，源自那些信仰会激励人们不断地进行精神自省。

在进行精神自省时，一个人可以逐渐积累与人生困难和诱惑抗争的力量，获取征服它们的知识，得到战胜它们的智慧。一幢高层建筑，在建成之后，人们是观察不到建筑的地基的，一个人的精神自省则是其生命的支撑，如果他能利用自省的宝贵时间，对生命进行积极的沉思，让自己获得力量，并保持心境的平和，他就能在精神修养上获得长足的进步。

正是在这种精神自省的过程中，一个人才能把他的真实面目展示给自己看，他才能借助着精神自省的力量，了解到自己的本质。一个人身处喧嚣的环境里，在此起彼伏的欲望的叫嚷声中，是根本不可能听到自己精神的呼唤的。离开了自省，一个人想获得精神成长无异于缘木求鱼；离开了自省，气场也会失去自我清洁、自我修补的能力。

有的人从不认真审视自己的内心，非常害怕展露自己的本性，而且对精神自省怀着一种恐惧的心理。因为他们认为，要进行精神自省，就等于要彻底净化自己的心灵，让自己那些可耻的欲望暴露无遗。因而，他们宁愿选择那些充满感官享乐而缺乏真理的地方。

热爱真理、渴求智慧的人却甘愿进行精神自省，他们力求让自己获得完整的人生真相、知晓清晰的内心世界。他们会抛弃无聊的享乐、躲开世间的喧闹，默默走进内心深处，倾听精神世界里真理那甜美、柔和

的声音。

许多人喜欢体验新鲜的生活，不断追求能带来感官刺激的事物，殊不知他们这样做正好与获得平静祥和的心境背道而驰。在形形色色的享乐中，他们的本意是想获得幸福的，但到头来他们却连片刻安宁都得不到。他们无法克制一时的冲动，整日沉溺于各种兴奋中，还以为这样就可以收获幸福，但他们最终所收获的，大都是泪水与悲哀。

倘若人们为了满足自己的私欲，肆意放纵自己，在人生的海洋上漂流，那么他定会被卷入海洋风暴中。只有在遭受多次暴风雨的折磨、历经痛苦之后，他们才会努力搜寻可以躲避暴风雨的岩洞，并在那儿静静地反思自己昔日的过错。

倘若一个人沉迷于外在刺激中，他等于是在消耗着自己内心的能量，并渐渐在精神上沦为一个弱者。当能量被耗尽了，气场也就消失了。为了在精神上保持活力，一个人必须学会独立沉思。这一点是如此重要，以至于谁忽略了它，谁就很可能无法获得对人生的正确认识，也无法了解及摆脱那些看起来能够给我们带来快乐，但实际上是蒙骗人的罪恶事物。

失望与悲伤，总是愿意亲近那些在生活中热衷于追求外在刺激的人。这样的人往往注重与个人享乐，内心却空虚异常。

再退一步，即便一个人在一生中并不愿意追求个人享乐，而把全部心思都用在工作上，但如果他只愿意与看得见的物质世界打交道，从未关注过精神世界，不愿平静地审视自己的内心，那么他就难以获得生命中的智慧，难以帮助世人，因为他很难为别人提供精神食粮，他自己的精神粮仓也是空无一物。

用内省的力量整理杂乱

只要你肯向内挖掘，你就会发现，内省越深，内心的力量越大，自省越久，幸福就越多。如果一个人愿意为了发现生命的真相而努力自省，很好地克制自己的欲望，那么他每天都在获取知识与智慧，他能够逐渐掌握真理、帮助世人，因为他的精神粮仓里堆放着丰盈的精神食粮，而且他也乐意把它们提供给大家。

当一个人反思自己的内心世界的时候，他就像一朵鲜花，迎着宇宙的真理之光怒放，并辐射出真理那富含生机的光芒。

人的精神世界无限广大，知识的海洋也是宽阔无边的，我们可获得的知识资源也是无穷无尽。一个人倘若能够走进自己的内心深处，平静地进行精神自省，那么他必能畅饮智慧那永不枯竭的甘泉。

这种不断反省内心与现实连接处的习惯，这种不断饮用四季长流的生命之水的行为，造就了天才，其才华取之不尽、用之不竭，因为它们是从浩渺的宇宙资源里提炼出来的。天才奉献出来的越多，他获取的知识面就越广。每完成一项工作，他的智力就得到进一步拓展，他的视野也会更加开阔。

天才的灵感往往是被激发出来的，他在有限与无限的水域之间架起了一座桥，他只需要从宇宙之泉里汲取他所需的，而不再需要其他人的帮助。普通人与天才之间的区别在于：普通人生活在外部环境形成的情景中，天才则生活在内心情绪构成的世界中；普通人追求享乐，天才追求智慧；普通人依赖书本，天才依赖他的精神，生命存在的实质。

倘若你能给书本一个正确的定位，那么你学习书本知识当然是好的，但有一点你要记住：书本并非智慧的源泉，智慧的源泉在生活本身，而且这种源泉需要你付出努力，有过经历之后方能领悟。书本可以提供信息，

但它无法赐予你知识，尽管它们可以促使你了解知识，但你必须通过刻苦钻研，才能最终掌握知识。

无限的幸福正是从无限的知识得来的，但一个完全依赖书本、不愿发掘自身资源的人，获得的知识是肤浅的，而且很快就会枯竭。他的灵感在沉睡（尽管他可能很聪明），他所储藏的有限信息很快就会被用完，而当没有新的信息可用时，他的工作会变得缺乏生机与创意。这样做的结果，无异于一个人切断了自己身上那条能够给生命提供无限资源的供给线——整日忙碌，却不是在和生命本身打交道，而是在和很容易衰败或消亡的表面现象打交道。物质世界的信息总是有限的，但一个人能在精神自省中获得的知识却是无限的。

天才的卓越灵感与伟大才华，可以在其进行精神自省的过程中被激发出来，并获得长足的发展。绝大多数普通人如果能够怀着高尚的追求，并能运用他所有的精力与意志，全神贯注地投入到精神自省中，那么他有朝一日必能实现他的追求，成为一位真正的天才。

一个人如果愿意鄙弃庸俗的享乐，不在个人名利得失上过分计较，愿意为了实现人类的伟大理想而谦虚努力地工作，并能在一个人的时候坚持平静地思考，那么假以时日，他一定能够成为一位具有高尚思想的人。

一个人如果愿意默默地净化自己的心灵，追求纯洁、美好的一切，并且能在长时间的反省思考中，努力探索事物的永恒核心，那么他就能收获和谐美满的人生。

对所有的天才而言：他们都是精神自省的强者。他们在自省时，往往像个天真的孩童，睁着好奇的眼睛，倾听人世间的和谐之音。

只有那些有意识地让自己的思想、生活和心灵上的能量保持协调的人，才能获得新的力量。靠着对自我欲望的不断超越，很多人成为了拥有创造性思维的一代大师，并像灯塔一样照亮了后人前进的道路。

天才的出现，并不是一种不可思议的奇迹降临，反而是一件合乎法则的事。只要人们不认为法则神秘莫测，自然就不会觉得天才神秘难懂。其实，每个人都可以成为一位富有创意的大师，只要他心甘情愿地接受宇宙间真与善的教导。每一位杰出的诗人、画家或圣贤都是真与善的代言人。一个人能够在多大程度上消除自己的私欲，他就能在多大程度上实现完美。抛弃狂躁的自私之后，人可以获得无穷的力量，并能把自己的才能发挥到极致。

人们只有不断进行自省，才能在精神上获得进步。当一个人把自己的所有精神力量用来从事世俗活动时，他就无法再集中心力思考生命了。尽管一个人在各种外部境况下，哪怕置身于充满敌意的人群中，他都有可能靠着自己的机智与运气成功脱险，能够使外在的不利局面得到改观；如果谈到精神力量的话，想在精神力量上有所成就，只能借助长时间的自我反省才能获得。

一个人的真正生命家园，只有在伟大的自我反省中，才能得到建设，反省与思考是真实而永恒的生命力量源泉。但就一个人生活在尘世间的这段时间来说，他的本质是双重的，他努力适应外部环境，参加一些外部活动也是必要的。对于个体而言，完全与世隔绝时，每一分每一秒都在进行精神自省，或完全投入到外部活动中，从不进行精神自省，都是不恰当的，都不算真正的尘世生活。那些能够时常抽出一些时间，借助精神自省获得生命的力量与智慧，从而更好地参与各种必要的外部活动，更好地履行自己人生职责的人，才是真正的聪明人。

比如一个人在外辛苦劳作了一天，到了晚上拖着疲惫的身体回到家中，他需要好好睡上一觉，使自己的精力得到恢复，为次日的劳作做好准

备。一个不愿在奔波劳碌的人生中垮掉的人，需要在这个嘈杂、忙碌的尘世间不时静下心来，通过平静自省让自己在永恒的心灵家园里得到短暂的休息。谁若能每天抽出一些时间进行有意义的精神反省，谁就能成为坚强的、对社会有用的幸福之人。

自省是为强者或那些打算成为强者的人安排的。当一个人向伟大迈进时，精神上的自省对他显得尤为重要，他能够借助精神上的自省，求索人生，并终能在这求索过程中有所收获，赢得幸福人生。

平和让能量聚集

仇恨与关爱就如斗争与和平一样，是根本无法共生于同一个人的内心世界里的。当它们二者中的一位被当成客人受到优待时，另外一位只能被作为不速之客受到驱逐，被主人拒之门外。一个蔑视别人的人，必会受到别人的蔑视；一个反对别人的人，必会遭到别人的反对。我们实在不应该为人们之间存在隔阂而感到吃惊和悲哀，我们应当明白，当我们指责别人不和的时候，无异于在给他们之间的争斗火上浇油。那些喜欢指责别人好斗的人，首先应当认识到自己就缺乏温和。

能够战胜他人的人，是一个勇敢的人；能够战胜自己的人，是一个非常高尚的人。**战胜他人的人很可能会被后来者击败，而战胜自己的人永远无法被战胜。**

借助"战胜自我"这条途径，我们就可以在精神上实现完美的平和，也能获得永远的幸福。

一个人倘若能认识到自己在这个世界上的最大敌人就潜伏在他身体之

内时，倘若他能明白他自己那桀骜不驯的思想，就是给自己的生活带来困惑与冲突的根源时，倘若他能懂得他自己无休无止的欲望，正是他内心的平和的葬送者时，那么他就已经走上了追求崇高的道路。

如果一个人征服了欲望与愤怒、仇恨与骄傲、自私与贪婪，那么他就等于征服了整个世界。他既然已经歼灭了平和思想的大敌，那么他必将能与平和永远地呆在一处。

平和与争斗是不相容的，平和是不会与喧闹为伍的，平和的胜利就意味着不受侵扰的宁静。

倘若我们用武力征服了一个人，可实际上我们并没有征服他的内心，那么，他可能会变成我们更大的敌人，然而，一个人若被和平精神征服了，那么他的内心必定会发生变化。即使他以前是我们的敌人，但他现在也很可能成为我们的朋友。

武力与争斗带来的只能是狂热与不安，但关爱与和平却能温暖人们那冰冷的心。

那些心地纯洁的智者总是不遗余力地衷心维护和平。和平能够体现在他们的行动中，他们在自己一生中会积极倡导它。

和平比斗争更有力量。在很多武力无能为力的地方，和平却能开疆辟土。和平的翅膀会为公正挡风遮雨。在和平的保护伞下，无辜者不会受到侵害。和平可以提供一个安全的避风港，让人避开自私自利的争斗。和平更是失败者的避难所，是迷路人的一顶帐篷。

和平在哪儿被拥护、被赞叹、被传颂，哪儿的黑暗与懊悔、贪婪与失望、索求与诱惑、欲望与悲伤等一切能带来精神骚乱与折磨的情绪都会被丢弃在滋生出它们的阴暗角落里，而且它们会再也无法走出那个角落。幸福的永恒光芒会普照大地，黑暗的阴云顿时消散。

阅读标签

1．培养自己高尚的精神，学会宽容他人，是一个人觉醒的开端，也是他能够获得平和心境与幸福人生的开端。

2．仇恨不是被报复消除的，而是被宽容消除的。由此可见，宽容是美好、甜蜜而有益的。

3．一个人倘若毫无宽容之心，心中充满了愤恨之情，那么他就会丧失与幸福为伍的机会。一个铁石心肠、冷酷无情的人注定会遭受苦难，失去生命里的轻松与快乐。一个宽以待人、充满仁爱之心的人将能避开苦难，收获幸福人生。

4．为了在精神上保持活力，一个人必须学会独立沉思。这一点是如此重要，以至于谁忽略了它，谁就很可能无法获得对人生的正确认识，也无法了解及摆脱那些看起来能够给我们带来快乐，但实际上是蒙骗人的罪恶事物。

5．倘若我们用武力征服了一个人，可实际上我们并没有征服他的内心，那么，他可能会变成我们更大的敌人。然而，一个人若被和平精神征服了，那么他的内心必定会发生变化。

6．能够战胜他人的人，是一个勇敢的人；能够战胜自己的人，是一个非常高尚的人。战胜他人的人很可能会被后来者击败，而战胜自己的人永远无法被战胜。

让幸福气场增益的秘密

　　如果你不再重复做同样的事，那么你做事的习惯与倾向就会慢慢改变，接下来，你的性格也会慢慢改变。

　　千万不要把愚昧误以为聪明，把粗俗误以为朴素，这样的错误有时是致命的。

　　自私的人是虚弱的，而且在做事的时候缺乏技巧性。

　　如果一个人乐于接受指导，努力学习如何去正确、合法地做每一件事，那么他将逐渐变得强大。

　　既想获得令人愉快的结局，又想极力逃避令人不悦的后果，这是造成人们思想混乱的根源。

　　困难的真正本质是什么？难道它不是一种没有被我们全方位掌握与理解的境况吗？

　　但愿我们在前进的路上遇到障碍时，能够为此感到高兴而非苦恼，因为这意味着我们又有了一个提升自我的机会。

"我是不由自主地这么做的，这完全由我的性格所致。"在现实生活中，我们时常听到不少人用这句话来为自己的错误行为找借口。这句话是什么意思呢？说这句话的人认为，自己在做事的时候毫无选择，因为他无法改变自己的性格，这样的思想是完全应当被根除的，因为它不仅毫无道理，而且它还是一切进步的障碍——妨碍了我们对善良的培养，妨碍了我们性格的发展，也妨碍了我们的人生步入高尚的境界，更妨碍了幸福，因为这样的话，幸福的门槛被抬高了。

人的性格并不是不能改变的，实际上，**性格是自然界最容易变化的事物之一**。一个人一旦消除了"性格不可改变"的观念，他将发现他可以支配自己去做那些正确的事情，此外，他将发现智慧与意志是塑造性格的有力工具。如果一个人能真心实意地用这种工具去塑造自己的性格，那么他很快就能看到自己努力的成效。

性格难道不是在一遍一遍地做同样事情的过程中形成的吗？**如果你不再重复做同样的事情，那么你做事的习惯与倾向就会慢慢改变，接下来，你的性格也会慢慢改变。**我知道，要与过去的思想或行为习惯告别，在刚开始的时候是挺困难的一件事，然而你每努力一次，这种困难就会减少一些，直至完全消失。

任何人都没必要一直充当自我不良个性的俘虏。这种不良的个性会致使一个人感到不幸福，而这种情况肯定是他本人不愿意看到的，只要他愿意抛弃不良的个性，他就可以挣脱自我奴役的枷锁，可以把自己释放出来，重获自由。一旦你重获自由、你的幸福气场就不会再有束缚，这样，你的幸福气场就会发挥出无比的威力。

礼多了，人生就顺了

狼的幸福就是有肉吃，所以狼只懂得最浅显的生存道理。人比狼更高级，不仅懂得生存的道理，还明白生活的礼仪。如果你只懂得生存之理，人生就不会顺利，因为在你眼里只有优胜劣汰；如果你明白生活的礼仪，并遵照执行，你的人生就会幸福得多，因为你会帮助那些需要帮助的人，而你也会得到别人的帮助。所以追求幸福的人一定要追求上进、抛弃兽性，彻底消除猿人那种原始冲动和野兽般的凶残。

世界上所有的文明都倡导人们消除心底的兽性，进化其实就是一个去伪存真的过程，而且社会法则也包含在进化法则之内。

教育是对人们知识文化水平的提升。学者致力于自己思想上进化，并在努力完善自己的知识。

当一个人渴望进入更高尚的境界，并努力实现自己的人生理想的时候，他就开始对自己的本质进行去伪存真了。一个人能够让自己的内心变得越纯洁，能够让自己的品格得到更多的升华，他外在的举止就会更加的温文尔雅。

良好的行为举止总是建立在合乎道德的心灵基础之上的。不文明、不礼貌的行为就意味着心灵的不完美，这是由于行为举止无非是内心的外在表现。一个人做出什么样的事情，他就是一个什么样的人。如果他行为粗鲁，那他就是一个粗鲁的人；如果他做事愚蠢，那他就是一个愚蠢的人；如果他做事温文尔雅，那他就可称得上是一位颇有风度的绅士。人们有时错误地认为，一个人在其粗鲁与野蛮的外表之下有一颗温柔而善良的心，但在大多数情况下，这种情况是很少见的，因为一个人的外在行为总是受到其内在品质的支配。

如果一个人能让自己的心灵得到升华，那么他一定能使自己的行为得到升华；如果他让自己的行为得到了升华，那么他的心灵会得到进一步的进化。

粗鄙、野蛮和残暴的习性，对野兽来这可能是一件很自然的事情，但对于渴望在人类社会中可被大众广泛接受的人（更不用说进入人类社会更高尚者行列的人)来说，拥有这种习性无疑是不可原谅的。

所有有助于净化人们的心灵、陶冶人们的情操的事，比如音乐、绘画、诗歌、雕塑，等等，都是帮助人们获得人生进步的使者。当一个人仿效畜生时，他也就贬低了自己身为人类的高尚。**千万不要把愚昧误以为聪明，把粗俗误以为朴素，这样的错误有时是致命的。**

无私、善良和为他人着想的内心，总是以温和、大度和高尚的行为表露出来。假装举止优雅，以求给人一种温文尔雅的感觉，这种做法看似能够获得成功，实则不然。佯装与虚伪用不了多久便会现出原型。人们的眼睛迟早会看穿佯装与虚伪者的肤浅外衣，那些企图欺骗他人的人最终只能欺骗他自己。

正如爱默生所说：

　　只为追求表面效果而做事，将被人们视为沽名钓誉；为爱去做事，人们将会认为做事的人充满了爱心。

　　具有良好教养的孩子，会在考虑自己的幸福之前先去考虑他人的幸福——把最舒适的座位让给别人坐，把最好的水果让给别人吃，把最有趣的玩具让给别人玩，等等，而且，他们还以正确的方式去做每件事，甚至是那些最微不足道的事情。

　　无私的内心与正确的行为这二者不仅是礼节、礼貌的基础，而且是一切道德和有价值生活的基础——它们代表着力量与技能。**自私的人是虚弱的，而且在做事的时候缺乏技巧性**。无私是正确的思想方式，而讲究礼貌则是正确的行为方式。

　　每个人都有自己的气场，气场之间要想和谐共存，互助互生，就必须讲礼，正如爱默生所说："无论你去做任何一件事，都一定有一种做事的方式。哪怕是简单到去煮一个鸡蛋也不例外。讲究礼貌，则是做事的正确方式。"

用正确的方式做正确的事

　　有更好更强大的幸福气场吗？如果你这样问，就把自己的幸福气场问没了。人们常常会犯这样一个错误：想当然地认为更高层次的人生意味着某种高高在上的态度，高层次意味着脱离了普通的生活琐事；忽略生活琐事，或干脆以一种草率的方式去对待它们，则表明头脑里想的都是"高层次的东西"。

可事实上，这样的行为恰恰表明做这事的人头脑是不严谨、不清醒或非常脆弱的。对于我们必须去做的事，无论它看起来多么微小、琐碎，要做到尽善美，都有一种正确方式，并可以省去许多时间与烦恼，可以保存我们的能量，培养我们做事的优雅的气质与杰出的技能，为生活增添幸福。

工匠有多种工具，他用这些工具做出各类独特的工艺品，师傅教他认识到(而且他也会从切身经历中发现)每件工具都有其特殊的用途，在任何情况下，一种工具都不能被当成另一种工具使用，否则做出来的工艺品可能会在质量上大打折扣。通过学习把每种工具以正确的方式用到适合它的地方，工匠在最大限度上获得了做事的方法与技巧。倘若一名学徒拒绝听从师傅的指教，坚持按照自己的方式使用工具，把本该用这件工具做的事，改用另外一件工具去做，那么到头来他的技能不会比那些愚笨的人好到哪儿去，而且他在自己所从事的行业中注定将成为一位失败者。

以上道理适用于人的一生。**如果一个人乐于接受指导，努力学习如何去正确、合法地做每一件事，那么他将逐渐变得强大。**会逐渐掌握很多有效技能，遇事变得明智，会成为他自己思想与行为的主宰。然而，如果他固执地迎合自己一时的冲动，坚持我行我素的行为方式，想当然地去做每一件事，并且在做事的时候缺乏思考，拒绝他人的指导，那么他最终会一事无成，稀里糊涂地过完一辈子。

孔子一向对衣着、用餐、言谈举止等一切所谓的生活琐事有着严格的要求，而且极力倡导人们遵守他所宣扬的高尚道德准则。他教育自己的弟子们，一个人若把任何必须去做的事情都视为"微不足道的小事"，则表明这个人头脑愚蠢、思想庸俗。有智慧的人会注重自己的所有义务，而且会努力把每件事做得周到与正确。

　　我们所处的社会有一定的礼仪规范，这些规范是不能被任意破坏的。比如，在我们的餐饮文化中，餐刀是切东西时用的，而餐叉则是吃东西时用的。如果一个人固执地要用餐刀吃东西，他就等于不适当地使用了餐具，忽视了餐饮礼仪。这看似是生活中的细枝末节，但如果不及时纠正，则很可能会影响到一个人在社会生活中的全面进步。

　　如果一个人不能在思想及行为上友善地对待人，那么，他就会永久地止步在幸福的大门外。不仅如此，这个人还将遭受痛苦与不幸，因为一个人内心的自私自利一定会给其生活带来混乱。

　　那些努力追求智慧的人则始终怀着谨慎行事的态度，他们思想纯洁，说话温和，为人大度。他们所做的一切都是为了让自己的品性变得更加善良，让自己的精神变得更加高尚。大部分人为自己的错误行为找的一个最普遍的借口，就是如果他按别人认为的正确方式行事，不幸与挫折便会接踵而至。但这样的观点，会令这些人只关心他们自己的感受和需要，让他们觉得只有自己有先见之明。他们在意的并非自己的所作所为，而是由此造成的后果，这也是大部分人与幸福擦肩而过的原因。

　　既想获得令人愉快的结局，又想极力逃避令人不悦的后果，是造成人们思想混乱的根源。而人的思想一旦处于混乱状态，就很难明辨善恶，更不用说能做到弃恶扬善了。有些人甚至会声称他们之所以做了错误的事情，并不是为了一己私利，而是为了帮助他人获得幸福。这样的认识何其荒谬！坚持这种认识的人，其人生会变得失衡而充满危险。

　　明智之人关注的是自己的行为，而非这种行为能够带来多大的实惠。他们反复考虑的，并非是怎么做可以让自己感到万分愉悦，怎么做将会令自己伤心，他们会把更多的精力放在做正确的事情上。这样一来，他们就给自己卸掉了怀疑、欲望和恐惧情绪带来的思想负担。

一个选择做正确事情的人，即使遇到了难以克服的困难，也不会受到困惑混乱情绪的烦扰。他们的事业道路是如此平坦、笔直，以至于他们从不会因为疑虑和无常的心境痛苦不堪。

那些只为追求令人愉悦的结果而做事的人们，那些在他们自己或他人的真正幸福明显处于紧要关头之际，却选择脱离正确道路的人们，是永远无法摆脱怀疑、困惑及痛苦情绪纠缠的。由于他们总在预测可能出现的结果，因而他们很可能今天以一种方式做事，明天则用另一种方式做事，周围变幻的境况令他们的心飘忽不定，他们会给自己徒增许多烦恼，而且还会变得越来越不知所措。

那些只为正义做事的人们，那些只在乎他们的行为是否正确的人们，会抛弃一切私心杂念，放弃对事情结果的的无谓猜测，秉持着坚定的立场，毫不动摇、毫不退缩，内心平静、宠辱不惊。正因为如此，他们反而能在最恰当的时候做出最恰当的决定，他们的行为果实总是甜蜜无比。

现在的人只关注结果，动不动就说"给我结果"，但正是因为只看重结果，反而把事情搞砸了。之所以如此，是因为结果永远是下一个开始，而不是一个终结，不计后果的结果，只能是厄运的开始。但愿追求幸福的人们能明白这个做正确事情的道理。

只有坚持做正确事情的人才具备真正的知识，因为做错误的事情是永远不可能产生良好结果的。正确的行为也永远不会带来不良后果，正确行为的身后总是安宁与祥和。**无论谁，只要他采取了某种行动，就无法避免这种行动带来的结果。**

那些自私自利的、对真理法则置若罔闻的人，认为他可以创造出自己想要的结果，可到头来，他收获的却是自私自利带来的苦涩之果。

那些与正义为伴的人知道他一定会是一个幸福的收获者，到头来，他收获的也的确是正义的甜蜜果实。

正义其实是极其简单的，没有任何复杂性可言；错误却是极其复杂的，它会让与它为伴的人陷入难以挣脱的困惑与迷茫中。

抛弃自私自利的心态，坚持在做正确事情的过程中树立真正的自我意识，这才是获得至高无上智慧的方法。

再努力一下，事儿就成了

所以说，人的幸福感可能源于克服困难与消除困惑，在一生中，幸福与不幸一直在人的心里拔河，谁赢了谁就会占据内心，这就产生了幸福与不幸的感觉。在这场角逐中，谁能坚持到最后，或者说谁做出的努力更多，谁就是赢家。

困难总是产生于无知与虚弱中，克服困难则需要掌握知识，具备力量。一个人只要坚持走正确的人生道路，随着他觉悟的不断提高，他遇到的困难将越来越少，他心头的困惑也将像薄雾一样，渐渐消散。你面对的困难，其实并不在于你所处的境况，而在于你面对这种境况时的心态。这正如，在一个孩子看来比较困难的事情，在一个心理成熟的成年人眼中，并不算困难。那些愚钝的人，内心总会产生许多困惑，而聪明人的内心因为没有困惑产生的土壤，所以他们总会明智。

那些在思想上尚未开窍的孩子，在学习简单课程时总会遇到一些困难，这些困难在孩子们看来十分艰巨、难以克服，他们可能会为此非常焦急，为了克服困难，他们需要付出数日，甚至数月的刻苦努力。一堵看似不可逾越的困难之墙阻挡住了他们前进的步伐，他们进行了多次逾越它的

尝试，接二连三的失败可能会让孩子们流下伤心的泪水。孩子们要想最终征服它们、解决它们，收获成功的果实，就必须开发自己的智力，掌握更多的知识。

对于我们在人生中遇到的困难而言，道理也是一样的。我们在人生道路上会遇到各种各样的困难，我们迫切需要培养自己的聪明才智，早日走向成熟，以便能顺利克服这些困难。我们每解决一个困难，就意味着获得了更多的人生经验，汲取了更多的智慧，也更富有洞察力了。每一次成功地完成一项任务，都意味着我们又掌握了非常有价值的一课。

困难的真正本质是什么？难道它不是一种没有被全方位掌握与理解的境况吗？既然如此，人们要想克服困难，就必须借助不懈的努力来丰富自己的知识、提高自己的洞察力。要想达到这一目的，人们迫切需要充分利用那些未被开发的能量，发掘自身的潜在资源；想做到这一点，我们平日就应该虚心地向他人学习，认真倾听他人的教诲，正确解决遇到的困难。只有这样，我们才能让自己变得更有智慧，收获更多的人生幸福。

一个人如果不能全力以赴地克服人生路上遇到的各种困难，他就不可能取得长足的进步，不可能逐渐成长起来，更不可能收获成功的人生。在人类社会发展的漫漫长路中，如果人类不能克服遇见的一个个困难，那么整个人类社会必将处于停滞状态，所谓的社会进步必将成为一句空话。

但愿我们在前进的路上遇到障碍时，能够为此感到高兴而非苦恼，因为这意味着我们又有了一个告别愚昧无知的机会。我们只要努力克服这些障碍，便能再次获得成长。在这个紧要关头，为了解救自己，为了找到一条更好的前进道路，我们就需要竭尽全力，充分发挥自己的聪明才智。每个人的内在潜能都渴望获得更大的自由天地，但获得自由天地之前，往往需要打败很多拦路虎。

没有哪种人生困境是不可克服的，有些人之所以觉得困境难以克服，是因为他们不愿意透彻理解错综复杂的境况，而且缺乏应对它们的智慧。

人们往往都是由于自己的愚昧无知，才无法顺利克服困难的，因为困难是不会无缘无故存在的，它们的存在自有其原因。人的成长与进步，万事万物的生长与演变，都会产生一定的困难。由此可见，产生困难并不见得是一件坏事。

当人们沿着某条道路前进时，不可避免地会在一定时候感到复杂与困惑。一个人无论把自己束缚得多么紧，只要他愿意，就总能让自己摆脱束缚。由于无知，一个人时常会走进烦恼的沼泽和困惑的泥潭，但随着他不断掌握新的知识，他终能找到一条走出沼泽与泥潭的道路，只要他锲而不舍，就总能走上通往智慧和幸福的康庄大道。

如果一个人面对困难的时候知难而退，只会绝望地哭泣，或整日只知道抱怨与忧虑，只愿意在头脑中设想着自己有朝一日能够身处不同的境况，那么他永远也无法战胜困难，无法走上幸福人生的康庄大道。如果他想摆脱自己所处的困境，就需要做出一些变革，进行富有逻辑性的思想练习，并能做到平心静气地规划未来。他的正确立场要求他应该能很好地克制自我，应该认真思考、积极探索，能够为了立于不败之地而坚持不懈地进行奋斗。

担心和焦虑的思想只能让我们的人生变得更加灰暗，只能夸大眼前的困难。如果一个人能平静地履行自己的职责，理顺自己的思想，审视自己走过的错综复杂的道路，那么他很快就能察觉出自己在哪儿出了差错，这样一来，他将能找到自己出错的地方，能领悟到自己当初如果多考虑一些，仔细判断一些，自我克制多一些，就可以避免在那些地方出错。他将

明白，自己应该如何一步步提高自己的能力，将懂得，一个更加成熟的决断能让自己走上一条正确的人生道路。

通过沉思与反省，从自己昔日的行为中汲取了无价的智慧，一个人遇到的困难将大为减少。随后，他将能用不带任何感情色彩的思想之眼审视那些困难，透彻地分析它们，详尽了解它们的各个细节，并且察觉出那些细节与他内在动机之间的关系。在完成这些工作之后，困难便会迎刃而解，一条笔直的前进道路会展现在他的眼前，而且他必将真正领悟自己的人生课程，收获永远无法被剥夺的智慧与幸福。

智慧与幸福无法被剥夺，这是因为如果内心清静的话，气场就纯质无瑕，而这样的气场无坚不摧，无人能敌。也正因为如此，被气场吸引过来的幸福才无人可以剥夺。

又遇见一个机会，多幸运

当你的气场纯净无瑕，你不仅发现自己变得无坚不摧，还会发现，原来是困难与痛苦的事物，竟然是锤炼自己意志机会。

困难可以把我们带到充满混乱与困惑的无知、自私、愚昧及盲目之路上，也可以把我们带到充满快乐与平和的知识、克制、智慧及远见之路上。能够认识到这一点的人，必将以一种大无畏的精神迎战困难，并最终克服它们，从而摆脱错误、收获真理；能够告别痛苦、拥抱幸福；能够摒弃混乱，享受平和。

其实，让我们感到焦头烂额的困难往往并没有我们想象中那么不可战胜，此时对困难感到忧虑不仅毫无用处，甚至可以说是愚昧之举，这是因为忧虑情绪能击溃我们身上具备的可以克服困难的力量与智慧。如果找到了恰当的方法，每一种困难最终都能被克服，这是毋庸置疑的，因此，忧虑就显得毫无必要了。

而那些根本无法被人类完成的任务呢，实际上它们已不再是一种困难，确切地说，它们是一件不可能之事。对于一件不可能之事，忧虑仍然是毫无必要的，这是由于，我们只有一条应对不可能之事的途径——不理它。

一个人开始郑重地思考自己神秘人生的那一天，是其一生中非常伟大的一天（尽管当时他很可能并没有意识到这一点），因为这一行为预示着他那愚昧无知、懒惰懈怠、呆板乏味的时代终结了，从此以后，他的思想将逐渐变得清明，他开始追求进步，开始作为一名堂堂正正的人生活在这个世界上，他将逐渐学会全力以赴地解决人生中遇到的各种问题，消除头脑中的诸多困惑，逐渐步入智慧的殿堂。

> 他成了一个堂堂正正的人，
>
> 当巨大的考验来临之时，
>
> 他绝不会极力退缩，
>
> 而会潇洒地从容应对。

他不会再与自私为伍，也不会再冷漠倦怠地对待自己应该完成的任务；他不会再让自己沉溺于无休无止的肉体欢娱中；他不会见到困难就逃，不会再像过去一样生活在愚昧、黑暗之中。他会逐渐意识到自己的使命，不再愿意浑浑噩噩地虚度人生，他会振作精神，奋发进取，力争早日掌握世间的真理。

　　这样一个觉醒的人不会再安于现状、止步不前了，因为他心中有远大的追求，他已立志要获得伟大的成就，他的思想得到了解放，这获得解放的思想会不断促使他消除心中的困惑。他再也不会对自己的恶习与恶行视而不见，而会竭尽全力地克服它们，以求在智慧中寻找到永恒的平静安详。

　　倘若一个人理解并承认了自己的无知，同时深刻地意识到自己的疑问与困惑皆源于无知的思想，那么他就能朝着伟大的目标快步前进。他不会再极力掩饰自己的无知，而会不遗余力地消除它。随后，他将日复一日、坚持不懈地寻求光明之路，以求驱散心中的疑云，找到他所面临的紧迫问题的解决方案。

　　正如一个孩子经过长期的刻苦学习，终于掌握了一种技能时，他会感到非常高兴一样，当一个人可以从容镇定地应对尘世间的困难之后，他也会感到轻松自在。当长期困扰他的某个关键问题得到彻底解决之后，他一定会欣喜异常。

　　千万不要把你碰到的困难与你心中的疑惑视为很糟糕的事或是不祥之兆，如果你真的认为困难与疑惑是邪恶的，那么你就会被它们推向邪恶。正确的做法是，你应当把它们视为一件好事，实际上也确实如此。此外，遇见困难的时候，你也不要自欺欺人地说，自己可以避开它们，其实你是根本无法避开它们的。不要企图逃离困难，这是不可能的，因为无论你逃到哪儿，它们依然会紧紧地追随你。**战胜困难的方法就是平静而勇敢地迎战，冷静、沉着地对待它们**。在这之前，请掂量一下它们的分量，认真分析它们，了解它们的细枝末节，检验一下它们的力量，在对它们了如指掌之后，请向它们发起进攻，最终歼灭它们。

　　这样一来，你必将增添自己的力量与智慧。你必将发现，面对困难的时候与其狼狈地逃走，不如坚韧地面对。借助于战胜困难的历练，你必将获得永恒的幸福。

谁想做一个堂堂正正的人，

他就必须能够统治自己的王国，

他必须建立起至高无上的王位。

他要靠着坚强的意志，

消除内心的忧虑与不安，

要能做自己命运的主宰。

——雪莱(英国浪漫诗人)

你是否迷失了自己的目标?

值得庆幸的是，你的目标依然闪耀着光芒。

你是否在这次竞赛中晕厥不醒?

值得鼓舞的是，你还可以振作起来，

力争在下次竞赛中取胜。

——埃拉·惠勒·威尔科克斯(美国作家)

自立者，天助之

幸福生活中，自我意识占据着最重要的位置。如果一个人的内心拥有平静，那他必定充满了力量;如果他的内心很安定，那他必然能过上稳定的生活;如果他的内心有持久的欢乐感，那他必定无须依赖世间转瞬即逝

的事物。

一个人的内心只有拥有了不可动摇的信念，并能把它作为自己的立身之本，借助它来管理自己的人生，从它那儿获得平和与宁静，他才能开始享受真正的幸福人生。 如果一个人总是依附于那些飘摇不定的东西，他的人生也将飘摇不定；如果一个人把那些不牢靠、不稳定的东西当成自己的人生支柱，他就会很容易跌倒、摔伤；如果他想通过积累并不长久的物质财富而得到心理上的满足，那么总有一天他会发现，自己虽然拥有了大量的物质财富，却体验不到真正的幸福。

但愿人们能早日学会自立，早日拥有坚定的人生信念，不要再指望从他人那儿得到支持，也不期望获得别人的赏赐，更不渴求别人给自己提供便利。如果一个人能做到遇事既不乞求也不抱怨，既不贪婪也不遗憾，而是依靠自身的智慧和力量获取成功，那么，他就是一个有大智慧的人。但愿我们都能从自己内心那真正的坚定信念中得到对生命的满足感与慰藉感。

如果一个人在自己的内心深处找不到平静，他还能在哪儿找到呢？如果他害怕单独面对自己，他又怎能很好地面对他人，并通过与他人的交往过程培养自己坚毅的品格呢？一个在自己心里找不到任何立足点与坚定信念的人，到哪儿都无法找到一个长久的休憩之地。

世界各地都有很多人想当然地认为，他们的幸福系于其他人身上或取决于外在事物，因而他们一直生活在失望、遗憾与悲叹之中。

一个人倘若不想着从任何人那儿或任何外物那儿寻求幸福，而是努力在自身内找到永不枯竭的幸福源泉，那么他无论身处什么样的境况，都能做到自强自立，都能从容镇静。这样的人永远不会成为悲惨与忧伤情绪的俘虏。

一个人若指望从他人那儿获得支持，倘若想依据他人的言行而非他自己的言行来衡量自身幸福，那么他的做法根本不能使自己在精神领域获得任何长足的进步。四周不断变化的环境会让他的内心摇摆不定，他的情绪会随着环境的改变或高涨或低落，他会一直生活在忐忑不安之中。这样的人无异于一个精神上的跛子，他唯有学会如何稳定住自己的思想重心，才能在精神世界里独立行走。

一个孩子如果想在没有外人帮助的情况下，完全依靠自己的力量从一个地方到另外一个地方，他就必需学会行走一样；一个成年人如果想实现自己判断、自己思想考，并依靠自己的思维能力选择自己要走的人生道路，那么他就必须学会自强自立。

外在的一切总是不断变化的，是无法长久也不稳定的，但一个人内心的一切才可能是稳定的，才可能会带给人永恒的幸福。**一个人的内心完全可以实现自给自足，永恒的生命落脚地一定是在内心世界里**。请走进你的内心深处，住进你的内心大厦，在那儿，你原本就是一个万众敬仰的国王，而在离开此处的其他任何地方，你都只能是一个卑微的侍从。

每个人都有权管理自己内心的小王国，每个人也应对此感到心安理得，请意识到你只对自己的王国有绝对的统治权，你的全部快乐与幸福都与你能否管理好这个王国息息相关。你原本就是一个有良知的人，那么请遵从你的良知；你原本也是 一个有想法的人，那么请理清你内心的想法；你还是一个有判断力的人，那么请好好利用你的判断力，并努力提高它；你更是一个有意志力的人，那么请发挥你的意志力，并尽可能地锤炼它，使它越来越坚强。

每个人的灵魂深处都有一盏灯，请仔细观察它、小心呵护它、尽力鼓舞它，防止它被激情的风吹灭，确保它持续燃烧着，并不断散发出光芒。

如果你愿意，即使置身于喧嚣的世界里，你仍然可以走进自己的心灵深处，不断充实自己、完善自己。

如果你找到了心里那永恒之处，就请一直围绕在这个处所吧，正如地球会围绕着太阳，在固定的轨道里不停旋转一样，你也可以围绕着你心内的光明之处，在尘世间追求你所爱。你要对自己的行为负责，你对自己的人生有着不可推卸的责任，因此你必须全心全意地依赖自己。

在这个世界里，唯一不变就是变。一个人如果想在瞬息万变的世界里获得不变的幸福，那么他就必须有一颗坚定恒久的心。只有坚定恒久的心，才能如铁锚一样让自己在人生的大海中定住脚根。若想自立，心首先要自定，这样"天"才有一个可以帮你的着力点。

自信和自负完全是两码事儿

自立使人坚定，但过分的自立就变成了僵化死板的自负，到了这一步，你的心就不再纯静了。要想把握好其间的分寸，我们还要不断地向伟大人物学习。

那些世间的伟大人物在自强自立方面堪称世人的楷模，他们总能保持独立的尊严，能做到无所畏惧地追求自己的人生，而且无需为此向他人表示歉意或乞求他人的宽恕。别人的批评或掌声，对他们而言不过是过眼云烟，他们可以完全不受外界舆论的影响，不会受到别人变化无常的意见的干扰，他们只会在自己的思想之光的引导下，努力追求梦想。

任何一个人都是这样，你只有在自立之后，不再从旁人那儿寻求人生指导，而是靠你心里的真理之光来指导自己，你才算得到了解放，获得了自由与幸福的人生。

除此之外，你还应该注意，千万别把自负当成自强自立。立足于自负基础上的人生规划，就如在即将坍塌的地基上修盖建筑物，你的最终结局只能是失败。实际上，自负的人，其内心是很依赖别人的——别人的赞扬会让他得意忘形，别人的批评则会让他怒气冲冲。他时常会把别人的奉承，误以为是对自己公正的评判，或是在别人的伤害与误解下心灰意懒——他的幸福完全掌握在别人的手中。

真正自强自立的人并不会把内心的骄傲、自大作为自己人生的立足点，而是把永恒的宇宙法则、原理或他自身所处的现实作为确立理想的出发点。他往往能够坚持自己的正确立场，无沦面对他自己内心狂热激流的冲击，还是外界暴风雨般的阻碍，都丝毫不能动摇他的决心。即使他一不小心使自己的内心失去了平衡，他也能非常迅速地重回平衡状态——他的幸福完全掌握在他自己的手中。

你只有找到了自己内心的平衡点，才能顺利实现自强自立，这样一来，无论你从事的是什么工作，你都能取得成功，因为真正的自我意识在觉醒之后是非常强大且战无不胜的。

但你必须牢记一点，**尽管你的人生不需要别人指手画脚，可是你也应该向别人学习**。请永远不要停下增长学问的步伐，请时刻准备接受正确、有用的知识。既然谦虚能使人进步，那么你再谦虚都不过分。那些拥有自我意识的人，常常也是最谦虚的人。

想获得幸福人生，那就请向所有的人学习，尤其要向掌握真理的大师们学习，与此同时，你的心中要牢牢记住你人生的最根本指导其实就在你的心里。一位大师固然可以说："正确的道路就在这儿！"但是，他既无法强迫你走他发现的那条路，也无法替你走那条路，你必须付出自己的努

力，必须依靠你自身的力量，必须借助你自己的身体力行，把他获得的真理转变为你自己的真理，幸福才会向你招手。在这之前，你必须做到绝对信任你自己。

> 如果你能依靠自己的力量，
>
> 成为一位顶天立地的人；
>
> 如果你能在自己精神的激励之下，
>
> 成长为一位伟大的人；
>
> 如果你能在自己的真理之光照耀下，
>
> 堂堂正正地活着，
>
> 那么你就是自己的上帝！

如果真的想要，你就能得到

幸福的确就在手边，但如果不去拿，你肯定就拿不到。对于幸福，我既要看淡，也要有追求。看得淡才能看得清，有追求并真正去追求，你才能拿到。

追求源于认识到自己的不足。当一个人在认识了自己的不足，并希望有所改进后，便能明显地感觉到自己身上的无知，这样一来，他的内心便会产生对知识的追求。

借着追求这双翅膀，人类从山洞走向了平原，从无知走向了智慧，从地球走到了月球。离开了追求，人类就不可能进化，而永远只能是地球上匍匐而行的动物中的一种。

追求就是渴望获得美好事物——光明、纯洁和关爱的事物。追求与欲望是截然不同的，欲望只会让人我们贪求世俗之物，追求是完全不同的。就像鸟儿如果失去翅膀就无法飞翔一样，一个没有追求心理的人注定无法改变自己生存的环境，更无法改良自己的命运。内心失去了追求的人很容易成为欲望的奴隶，受到他人言行的支配，而且还会在外界不断变化着的形势大潮下起伏不定。

一个人开始有了人生追求的时候，就意味着他对自己所处的低级境况表示不满了，并且想要进入一种较高级的境况。这表明了他已经从动物般的长眠中苏醒过来了，而且他也已经意识到自己需要的是一种更高尚、更充实的人生。

追求能够让一切成为可能，因为正是它开辟了前进的道路，让人能够想象出尽善尽美的境界，并能促使人们达到这种境界。这是由于人总是先有了完成某件事的想法，才有可能把它变为现实。

追求是灵感的侍者，它能打开快乐之门，它能一边歌唱着一边引领着我们进入快乐的领地。音乐、绘画、科技及世间所有高尚的工具，都被掌握在了那些追求崇高精神的人们的手中。追求崇高精神使他们对未来产生了强烈的进取心。

一个人只要感觉那种动物般的生活境况很甜美，他就不可能产生追求愿望，心满意足是追求的大敌。人往往是这样的，当他生活中的甜美转变为苦涩时，悲伤过后，他便会想到改变；当他被剥夺了世俗的欢乐时，他就开始渴望获得新的欢乐。只有当他为自己身上的错误言行吃尽了苦头、受够了痛苦时，他才会开始寻求正确的言行与思想。真正的追求精神像浴火的凤凰一样，需要经历烈火的煅烧才能获得新生。

人们的收获是依据他们追求的程度大小定的。一个人的追求，是他能成长为什么样的人的标尺，思想总是会先于一个人的成就而存在。

倘若一个人坚持认为："我的不纯洁思想，是由别人和我所处的境况或是父辈的遗传基因造成的。"那他怎能有纠正自身错误的希望呢？这样的思想将抑制所有对美好事物的追求，并让这个人一直遭受到狂热情绪的奴役。

倘若一个人能察觉到自己的错误与不纯都是由自己一手造成的，幸福或是不幸都是因他而产生，并因他而得到巩固的，他本人对自己的现状负有不可推卸的全部责任，那么，他才会有改变现状、消除错误的追求与愿景。前进的道路由此展现在他的面前，他可以清楚地看到自己将会奔向什么样的目的地。

狂热之人往往自认为自己眼前的道路是笔直的，但在智慧者的眼里，他选择的道路崎岖难行、尘土飞扬。他只图一时的快乐，而不愿去努力了解或思考何谓真正的智慧。他行走在实际弯曲、坎坷的道路上，其内心绝难平静。

追求之人却总能看到自己面前的康庄大道，而被他抛在身后的，则是狂热情绪指引的、那条崎岖且绕远的路；渴求之人会努力提高自己的认识，增长智慧，在日复一日的坚定前行中收获平静美满的人生；狂热之人总是竭尽全力地追求那些微不足道的或很快就会消亡的东西，并且乐此不疲。

追求之人却总是致力于追求伟大的东西，诸如美德、知识、智慧这类有持久生命力，不会转瞬即逝的东西。它们就像一座座丰碑，能够激励着人类不断进步。

当对事物的追求打动了我们的思想时，追求会立刻让思想得到升华，思想中的不纯部分便开始走向消亡。当追求占据了人的头脑时，不纯的念头是很难侵入的，然而，追求最开始带来的努力是时断时续，比较脆弱的。我们的思想会习惯性地回到昔日的错误轨道中，在这种情形下，我们必须要能时刻牢记自己的目标，对过去犯下的错误保持警惕。

热爱纯洁人生的人每天都会借助追求带来的光明审视自己的思想，他愿意早早地起床，用坚强的思考和艰苦的努力来给自己的头脑设防。他知道一个人的思想是不能受到疏忽对待的，思想阵地不被高尚的事物和纯洁的追求占据，就必定会被低下的思想和卑鄙的欲望占据。

就像欲望一样，追求也可以靠日常习惯来哺育和巩固。追求可能被我们发现，并且受到思想热烈欢迎，但它也可能被忽略，被思想拒之门外。

在头脑可以考虑纯洁的事情之前，它必须摆脱不纯洁的事情对它的纠缠，而追求正是它顺利实现这一目标的良好工具。在追求的帮助下，头脑可以快速而坚定地飞到天堂般的地方，体验美好事物带来的愉悦感。我们的头脑会开始积累智慧，并学着借用真知的光亮引导自己的人生之路。

1．人的性格并不是不能改变的，实际上，性格是自然界最容易变化的事物之一。一个人一旦消除了"性格不可改变"的观念，他将发现他可以支配自己去做那些正确的事情，此外，他将发现智慧与意志是塑造性格的有力工具。

2．无私、善良和为他人着想的内心，总是以温和、大度和高尚的行为表露出来。假装举止优雅，以求给人一种温文尔雅的感觉，这种做法看似能够获得成功，实则不然。佯装与虚伪用不了多久便会现出原型。人们的眼睛迟早会看穿佯装与虚伪者的肤浅外衣，那些企图欺骗他人的人最终只能欺骗他自己。

3. 既想获得令人愉快的结局，又想极力逃避令人不悦的后果，是造成人们思想混乱的根源。

4. 一个人倘若能努力在自身内找到永不枯竭的幸福源泉，那么他无论身处什么样的境况，都能做到自强自立，都能从容镇静，这样的人永远不会成为悲惨与忧伤情绪的俘虏。

5. 尽管你的人生不需要别人指手画脚，你却应该向别人学习。请永远不要停下增长学问的步伐，请时刻准备接受正确、有用的知识。

6. 人们的收获是依据他们追求的程度大小定的，一个人的追求，是他能成长为什么样的人的标尺。

筑牢幸福气场的根基

　　没有哪一项社会工作会让从事它的人变得低级，如果一个人认为自己从事的工作很低级，那么他已经被自己奴性般的内心征服了——真正低级的是他本人而非他的工作。

　　无论我们做什么样的工作，只要它能服务于社会，能造福于人类，它就是高尚的。

　　一个人如果敢于质疑错误，他就能对错误有进一步的了解。

　　一个在思想、言语和行动上都很真诚的人，他的周围一定不缺乏真诚的朋友。

　　还有什么情形，会比看到一个动辄恼怒、喜欢争吵的人，还在祈祷着上帝赐给自己平静与祥和更令人感到可悲的呢？

劳动就是生命！生命是幸福的根基，所以说，只有劳动才能获得幸福。

劳动被很多人视为一种虽然能带来安逸与享乐，但令人讨厌、甚至是有失体面的生存手段。这是非常可笑的想法。劳动其实是一件非常有价值的事，有劳动能力的人是非常幸福的。劳动本身也是很高尚的。以上那条箴言里所包含的意义需要我们铭记在心，并在非常透彻地理解之后，把这一箴言落实在实践上。

真正的聪明人明白，劳动，无论是脑力上的还是体力上的，都是人类生活的根基。生命的完全静止就意味着死亡，而死亡之后紧跟着的就是腐朽。同时，好逸恶劳与慢性死亡是息息相关的。

通常而言，一个人的劳动经历越丰富，他的生活阅历也就越丰富。不管是体力劳动者还是脑力劳动者，也就是说，不管是永不停息地进行体力活动的人，还是兢兢业业进行脑力活动的人，他们都是整个社会中拥有最持久生命力的人。他们的劳动时间有多长，他们一生中有珍贵价值的岁月就有多长。

气场要想发挥作用，就必须有幸福可以吸引，而劳动所带来的幸福正是气场要吸引的。

为有工作欣喜，为能工作骄傲

心 地纯洁、心理健康的人总是热爱劳动的，而且在劳动过程中他
们总能感受到巨大的幸福，他们也很少抱怨工作上的不如意。
如果一个人过着高尚而纯洁的生活，他是很难面对工作时愁眉紧锁的。让
一个人垮掉的，其实是担忧与坏习惯，是不知足与游手好闲，这是因为如
果劳动能带来生命的活力，那么懒惰必定会带来灭亡。因此，让我们在谈
论工作过量之前先把懒惰这个恶习去掉。

有些人害怕工作，把工作视为大敌；有些人担心干得太多，会导致
自己日渐衰竭，实际上他们必须懂得，工作是一位能够给予我们健康的
好朋友。一些人会为自己的工作感到羞耻，他们把工作视为不想做却不
得不做的难事；那些内心纯洁、品行高尚的人，既不会害怕工作，也不
对工作挑三拣四，他们能在所从事的工作中获得尊严。**没有哪一项社会
必须的工作会让从事它的人变得下贱，如果一个人认为自己从事的工作
很下贱，那么他已经被自己奴性般的内心空虚征服了，真正低级的是他
本人而非他的工作。**

177

人们每天都有很多体力工作和脑力工作需要完成，而这些工作则能带给人们生存的尊严。

那些害怕工作的懒惰之人，以及为工作感到羞耻的空虚之人，都在通向失败的道路上拔足狂奔；那些热爱工作的勤奋之人，以及以工作为耀的真正有尊严的人，都在通向成功的道路上埋头赶路。懒惰之人播下的是失败与罪恶的种子，空虚之人播下的是羞辱与可耻的种子，勤奋之人播下的是成功与美德的种子，有尊严的劳动者播下的是胜利与荣誉的种子——行动就是种子，人们一定会在适当的季节收获自己应得的果实。

很多人心里都藏着一种的欲望——付出尽可能少的努力然后换取尽可能多的财富——其实这是一种偷盗行为。谁企图不劳而获，谁就等于是在剥夺另外一个人的劳动成果。企图不付出相应的努力就得到大笔金钱的人，无异于偷走了本该属于另一个辛勤劳动的人的金钱——能够深刻认识到这一点，对于想获得幸福的人而言是非常必要的。

请为我们拥有工作感到欣喜，请让我们具有能够工作的力量而骄傲，请让我们通过兢兢业业的劳动换取幸福人生。

无论我们做的是什么样的工作，只要它能服务于社会，能造福于人类，它就是高尚的。并且，如果我们能怀着一种高尚的心灵去做它，世人终将认识到我们的价值。

具有美好情操的人，从不轻视自己从事的任何劳动；能够在工作岗位上毫不退缩的人，一定是一个有着良好耐心，甚至再大的贫困都不能使他放弃自己志向的人，这样的人一定会品尝到自己劳动换来的甜美果实。这是因为，"一个找到了工作价值的人就等于找到了幸福的源泉，他已不需要再去寻找其他的幸福。"

你要做自己的主人，要做自己的上帝，你无需向谁去阿谀奉承，更无需刻意仿效他人的步伐。作为世间一个有生命的、不可替代的一员，你只须一心一意做好自己的工作，坚持下去，到了收获的时候，你必然能发现自己的人生之树早已是硕果累累。

请奉献出你的爱心，但不要期望得到回报；请同情他人，但不要渴望得到他人的同情；请尽量帮助他人，但不要依赖于他人的帮助。

如果别人对你的工作说三道四，请不要理会他们。只要你认为自己所做的工作是正确的，那你就可以问心无愧。你不要反复询问："我的工作让别人感到高兴吗？"而要询问："我的工作是正确的吗？"如果你所做的工作确实是正确的，那么别人的批评丝毫不能影响它的价值；如果它是错误的，那么它自行消亡的速度，一定会比别人反对扼杀它的速度更快。

真理之言和真理之行在完成其使命之前，是不会自行消亡的；错误之言和错误之行则总是以让人们瞠目的速度消亡。因此，很多时候，声嘶力竭的批评与深入骨髓的憎恨都是多余的。

请你摘下你给自己强加上的、那套依附于他人的枷锁，让自己获得自由吧，同时请不要选择孤单地站立在世间。你完全可以从自己拥有的自由中找到快乐，从自己明智的沉着冷静中找到平和，从自己与生俱来的力量中找到幸福。

认真地思考这个世界

很多人把快乐当成幸福，把得到当成幸福，这是从身体的感受中得出的判断。如果你开动脑筋，认真思考，你就会发现，并不是所有的快乐都是幸福的，只有奉献才是真正的幸福。如果你想拥有这种辨别幸福的能

力，就要认真地思考这个世界。

有一种素质对一个人的精神成长而言是必不可少的，它就是辨别力。一个人在自我敏锐辨别力的眼睛睁开之前，他想在精神上获得进步，一定是一个痛苦、缓慢而又起伏不定的过程。因为一旦离开了苦难的考验与证明，他将很难辨别事情的真伪，无法辨别自己所见到的事物，哪些是实实在在的东西，哪些只是它们的影子，因而他会很容易地把真实事物与虚假现象混为一谈。

一个被旁人扔在陌生地点的盲人，经过反复努力，他可能会在一片黑暗中摸索到回家的路，但如果他不经历一番困惑，没有遭受寻找道路时多次被绊倒的经历，他就不可能顺利回家。失去了辨别力的人，在心智上无疑就是个盲人，他的人生将是一场在黑暗中的痛苦摸索过程。他会长时间生活在困惑之中，他辨别不清哪些是美德，哪些是恶行，在他的一生中，真理与谬误共生，意见与原则同在，而他眼中所见的观念、事件和人物似乎已经完全失去了联系。

一个人不应该有稀里糊涂的头脑，一个人也不应该充满困惑地度过一生。每个人都应当为应对每一个在物质上或精神上可能出现的困难做好准备。每逢麻烦或不幸降临时，他千万别像许多平凡之人那样，心里立刻变得忧心忡忡、优柔寡断，而应当能训练有素地应对每一种突发情况，即使是那些极为不利的紧急情况，也不会让他手忙脚乱。然而，这种训练有素的心智力量，如果离开了辨别力的支持，是很难真正帮助我们的。辨别力的提升则只能通过不断锻炼分析能力来实现。

一个人的大脑，就像身体上的肌肉一样，是需要通过不断的使用才能开发的。对大脑进行的，瞄准任何方向的艰苦训练，都能增强大脑的思维能力与力量。人们通过坚持不懈地把自我意见与他人的观点进行对比与分析，不断培养和加强大脑至关重要的能力——辨别力。但辨别力的作用可不仅仅是对他人的观点与意见提出批评，它的真正意义要比简单批评重大得多。辨别力实际上是一种精神素质，一个人借助这种精神素质，就能看清事物的本质，不容易受到事物表面现象的蒙骗。

作为一种精神素质，辨别力的增强只能借助精神之法。顾名思义，精神之法就是在大脑中用质疑、验证与分析的态度对待自我观点、意见和行为。这种发现过错的能力非常重要，它的要点是，不能对他人的意见与行为"赶尽杀绝"，而应当严肃地审视自身。一个人必须做好质疑每一个自我意见、每一种自我思想、每一种自我行为的准备，并能严格而合理地验证它们，只有这样，那种能彻底消除困惑与混乱的辨别力才能被逐渐培养出来。

一个人在开始进行这种大脑锻炼前，他必须要先了解自己心里那可以接受教导的、可以被驯化的精神。这么说并不意味着他一定要接受他人的领导，而是意味着，他必须时刻做好准备，彻底摒弃他过去的思想——只要这些思想已经跟不上时代的脚步，只要这些思想会让他离人世间真正的幸福越来越远。

一个人如果只知道说："我是正确的！"他拒绝别人对他的观点提出质疑，那么他很可能会永远沿着狂热与偏见的路线前进，他永远也无法具备真正的辨别力。

一个人如果愿意谦虚地询问旁人："我的立场正确吗？"而且随后愿意通过认真的思考和追求来检验真理，从而证明自己的立场的确是经得起考验的，那么他就总能在纷繁的现象面前去伪存真，发现真理，直至拥有出色的辨别力。

一个人如果惧怕带着探索精神对自己的立场进行认真思索，并愿意以

一种批评的态度理性地审视自己坚持的立场，那么他必须首先培养自己在精神上的勇气，然后才可能具备辨别力。

一个人必须真诚地面对自己，不能惧怕自己，只有这样，他才可能领悟到真理准则，才能沐浴在会昭示出一切问题答案的真理光芒之下。一个人获得的真理越多，他眼中所见的真理之光就越强烈。**一个人如果能敢于质疑错误，他就能对错误有更新的了解。**因为在坚持探索真理的心灵内，错误是不可能容身的。

善于推理和思考的人，可以在很大程度上培养自己的辨别力；而具有很强辨别力的人，总是很容易发现永恒的真理。

想获得和谐、幸福的心境，想沐浴在真理之光下，那你就一定要学会认真思考。

播种幸福的种子

到了春耕时节，如果你走进田野，或踏上乡间小路，你会看到农民和园丁们忙着把种子播进准备好的土地里。如果你询问一位农民或园丁，播种之后他期望收获什么，毫无疑问，他会觉得你提了一个非常愚蠢的问题。他很可能会告诉你，他根本不用"期望"什么，种瓜得瓜、种豆得豆，这都是尽人皆知的常识，春天播种了什么，他在秋后就能收获什么。

对智者而言，每件事都包含着一定的道德意义。在人的思想世界和实际生活中，都存在一个播种过程——一个人的思想、言语和行动，都是他们播下的种子，什么样的种子就会结出什么样的果实。

抱着仇恨思想的人，只会给自己的人生增添更多的仇恨；抱着关爱思想的人，一定会受到人们的爱戴；**一个在思想、言语和行动上都很真诚的人，他的周围一定不缺乏真诚的朋友**；一个在思想、言语和行动上都不真诚的人，他的周围也一定难觅真诚的人。

一个人如果播下了错误的思想、行为种子，即使他整日祈祷上帝赐福于他，恐怕也难以如愿。这就如同一个农民在自己的田地里播下了杂草的种子，却整日祈祷上帝让他收获小麦一样荒诞可笑。

> 你播了什么种子就会收获什么果实。
>
> 放眼辽阔的田野，
>
> 当初种下的芝麻长出了芝麻，
>
> 当初种下的玉米长出了玉米。
>
> 大自然静静地见证着这一切，
>
> 人的命运也是如此。
>
> 一个人在自己的人生旅途上播下了什么种子，
>
> 他就将收获什么样的命运。

但愿那些得到快乐的人，能够把快乐的种子播种在人间；但愿那些获得幸福的人，也能考虑到他人的幸福。

我们总是通过给予而得到，总是通过奉献而致富。有的人声称，尽管自己拥有渊博的知识，却不能把它们奉献给世界，因为这个世界无法接受它们。说这种话的人，要么根本不具备渊博的知识，要么即便他真的具有渊博的知识，这些知识不久之后也会慢慢流失掉——不舍意味着贪婪，而贪婪就意味着丧失。

很多人想当然地认为自己可以种下争斗和残酷的种子，随后仅仅凭借真心真意的祈祷，就能收获和平与安宁的果实。**还有什么情形，会比看到一个动辄恼怒、喜欢争吵的人，还在祈祷着上帝赐给自己平静与祥和更令人感到可悲呢？**我们一定要记住，想收获什么就要先播种什么。任何人只要放弃自私自利的心态，愿意种下善良与关爱的种子，他便可以收获幸福。

如果一个人的内心充满了烦恼与困惑，遍布着悲伤与痛苦，那么但愿他能够扪心自问：

"我一直在播种什么样的思想种子？"

"我为他人做过什么呢？"

"我平常是以什么样的态度对待他人的呢？"

"是不是我在不经意间种下了烦恼与悲伤的种子，才导致自己收获这些苦涩的果实呢？"

但愿他能在自己的内心进行认真的搜寻，进行一场彻底地自省。一旦找到了自私与卑劣的种子，就立刻把它们扔掉。这样一来，他才能逐渐摆脱痛苦与悲伤情绪的纠缠。但愿我们每一个人，都能从农民兄弟的身上，学习到简朴的世间真理。

给满足设定一条边界

有心理学家把幸福定义为满足，还由此定出了幸福指数。这究竟对不对呢？

最近，我收到一位记者写来的一封长信。他在这封信中极力向我证明，"满足感"是一种恶习，是无数邪恶的源头。

当然，这位记者信中所说的那种"满足感"，是指一种类似于动物般的冷淡，就像动物一样，在获得了自身想要的事物后就对其他一切外在都漠不关心了。的确，冷漠精神与进步热情是背道而驰的，懒惰总会与冷淡为伍，愉快而有准备的行动则是满足的朋友。

懂得满足是一种美德。有满足感的人，并不意味着他在做事的时候会不努力，满足感的真正内涵是，拥有它的人能毫不费力地摆脱忧愁与烦恼。有满足感的人，并不意味即便他身陷罪恶、无知与愚昧的泥潭也会知足常乐、无所作为，而是意味着在，拥有满足感的人能在已经履行义务之后或成就一番事业之后体验到幸福与快乐。

有的人的确满足于卑躬屈膝的生活，满足于罪孽深重、债台高筑的境况中，但之所以能导致这样的状况，根本原因却是这种人对自己的职责、义务和别人对他的正当要求采取了漠不关心、麻木不仁的态度。他们是绝对不可能拥有真正的满足感的。他们实际上很难体会到积极的满足感所带来的幸福快乐。就这种人的真正本质而言，他们只是一个个沉睡的灵魂，也许，只有巨大的磨难才能把他们惊醒，也许他们不得不通过这些磨难，找到源于自身努力和脚踏实地生活的真正满足感。

一个人心理健康的人应当能做到以下三个方面：

1．无论发生了什么事情，都不会磨灭他心中对生活及生命的热爱；

2．为自己的友谊与已经拥有的财产感到骄傲与自豪；

3．坚持走自己纯洁的人生之路。

一个人如果能坦然面对各种事件，能够真正做到"不因物喜、不以己悲"，那么谁也不能剥夺走他心中对人生的幸福满足感，这样的人，遇事必定能很快摆脱悲伤情绪的困扰。一个人如果能对自己的社交状况和自身拥有的财富感到满足的话，那他必能摆脱焦虑与不安情绪的困扰。

一个人如果对自己在思想上的纯洁状态感到满足，那么他永远也不会沦为一个思想癫狂、情绪毫无节制的人。在面对突发事件的时候，他总能很快面对现实，并坚信未来一定会越来越好。随着人生经验的进一步积累，他会逐渐认识到，事情的结果是对人们付出努力的准确回应。无论什么样的物质财富，都无法用贪婪与争斗的方式攫取后并长期拥有，而只能靠着正确、明智的行动和辛勤的努力获得。

1. 一个人的劳动经历越丰富，他的生活阅历也就越丰富。不管是体力劳动者还是脑力劳动者，他们都是整个社会中拥有最持久生命力的人。

2. 有些人害怕工作，把工作视为大敌；有些人担心干得太多，会导致自己日渐衰竭，实际上他们必须懂得，工作是一位能够给予我们健康的好朋友。

3. 很多人心里都藏着一种的欲望——付出尽可能少的努力然后换取尽可能多的财富——其实这是一种偷盗行为。谁企图不劳而获，谁就等于是在剥夺另外一个人的劳动成果。

4. 一个人必须真诚地面对自己，不能惧怕自己，只有这样，他才可能领悟到真理准则，才能沐浴在会昭示出一切问题答案的真理光芒之下。

5. 想收获什么就要先播种什么。任何人只要放弃自私自利的心态，愿意种下善良与关爱的种子，他便可以收获幸福。

6. 懂得满足是一种美德。有满足感的人，并不意味着他在做事的时候会不努力，满足感的真正内涵是，拥有它的人能毫不费力地摆脱忧愁与烦恼。有满足感的人，并不意味即便他身陷罪恶、无知与愚昧的泥潭也会知足常乐、无所作为，而是意味着在，拥有满足感的人能在已经履行义务之后或成就一番事业之后体验到幸福与快乐。

歇一歇
等等幸福

Part12

使幸福气场枝繁叶茂

　　在工作中感到身心俱疲的大多数人，都是在愚蠢地浪费了自己的宝贵精力后，得到的结果。

　　请放弃嫉妒、怀疑、焦虑、憎恶的思想及自怨自艾的软弱表现吧，这样一来，你就能摆脱疾病与疲劳的纠缠，你的神经痛及失眠症也会得到很大的缓解。

　　依靠信念的力量，你可以完成在别人眼里异常艰巨的工作。

　　如果我们只把愿望揣在心里，最后只能得到失望。

　　无论你肩负的使命是什么，你都应该把自己的全副精力放在使命上，尽力发挥出你的全部能量。

　　你是自我命运的创造者，无论你的一生是喜剧还是悲剧，都是你在自导自演。

我们都记得，遥远的童年时代，我们大都非常爱听童话故事，这些故事给我们带来了无尽的欢乐。我们也曾急切地关注过童话故事中好男孩或好女孩的命运，并且我们知道，每到危急时刻，他或她就能得到保护，从诡计多端的巫婆、凶恶无比的妖怪、刻毒的后母手中一次又一次地成功逃脱。我们那颗幼小的心，从未怀疑过男女英雄的美好结局，也从未对他们能最终战胜所有的敌人产生过怀疑，因为我们知道，这些人从来不会做错事，他们一直都是勇于追求真、善、美的人。

　　当美丽的仙女靠着她的魔法，把善良的人从水深火热的困境中解救出来时，我们内心充满了无法形容的欢乐。仙女能够驱散世间的黑暗、消除一切烦恼，让善良者的愿望变成现实，让真正的好人获得永恒的幸福。

　　随着年龄的增长，我们越来越接受了生活中的所谓"现实"，儿时崇拜的美丽童话世界也渐行渐远，传说中那些栩栩如生的人物，也被我们选择性地遗忘了。我们想当然地认为，忘掉了童年的梦想，我们就可以变得更加成熟、睿智、有力量。然而，这样的想法，真的是正确的吗？

　　从感受上来说，我们越长大越难幸福。为什么呢？童年时，我们很容易幸福，因为我们当时没给幸福设什么条件；长大了，我很难幸福，因为我们往幸福里塞了太多杂乱的东西。

健康与成功的秘密

很久以前，一个人患了一种很难治愈的疾病。病痛让他度日如年。为了治好自己的病，他遍访名医，但最后还是无济于事。后来，他听说有个小镇里有一个能够医治百病的、闻名遐迩的水池。于是，这个人匆匆忙忙地赶到了那儿，听从当地人的建议，在水里洗了个澡，结果却令他大失所望，他的病痛比以前更加严重了。

过了一段时间，一天晚上，他做了一个梦，梦见一个精灵走到他面前，询问他："所有的疗法你都试过了吗？"他回答："我都试过了。"

"不，"这个精灵对他说道，"跟我来，我让你见识一种你没有注意到的水浴。"

这个人跟随精灵，来到了一个清清的水池旁。精灵说："现在泡在水中吧，你肯定能够康复。"话音一落，精灵便消失了。他依言泡在了水中，当他从水中出来时，奇迹发生了：长期让他苦恼不堪的疾病果真好了。他在激动之余突然看到水池旁的墙上写着"抛弃"两个字。

梦醒之后，他反复地回味着，随后开始认真审视起自己的内心世界

来。经过不懈努力，他终于发现自己一直都受着自我放纵情绪带来的伤害。他暗自发誓，一定要把这种情绪抛弃掉。他果真履行了自己的誓言，从那天起，他思想上的苦恼便一日轻似一日。又过了一段时间，他的身体也恢复了健康。

许多人都在抱怨，正是过量的工作，让他们在身体上及精神上都苦不堪言。其实，**这类在工作中感到身心俱疲的人中的大多数，都是愚蠢地浪费了自己宝贵的精力后造成的结果**。如果你想永葆健康，那就必须学会不在无所谓的事情上耗费生命。焦急不安，情绪上的起伏不定，长时间为一些琐事担忧不已，都将使一个人感到身心俱疲。

劳动，无论是脑力劳动，还是体力劳动，对人都是大有裨益的，都能给人的身心带来健康。有的人能够静下心来，兢兢业业地参加劳动，这样的人是很难对工作感到焦虑与忧愁的——他们每天都专心于手头上的工作，并从工作中得到快乐。有的人正好相反，一天到晚总是匆匆忙忙、焦虑不安，总是不能把精力用在确实重要的事情上。于是，前者不仅能取得比后者更大的成就，而且能够获得令人羡慕的身心健康，而后者则只会不停地抱怨健康总是求之不得。

真正的身心健康与真正的成功人生是并肩而行的，这是由于它们在一个人的思想王国里是密不可分的。一个人思想上的和谐在为他赢得健康身体的同时，也能让他在现实世界中的计划顺利实现，最终获得成功人生。

如果你总是怒气冲冲、忧心忡忡、嫉贤妒能、贪婪无比，或处于其他任何不和谐的心态掌控中，而你又期待自己拥有十分健康的身体，那么你的这种期望实际上是很不切实际的，这是因为你一直坚持把疾病的种子播在你的心中。智者总会小心谨慎地避开以上心态，因为他清楚地认识到，这类心态对健康是极其危险的。

如果你想摆脱身体上的一切痛苦，让自己的身体一直都保持健康，那么你首先需要拥有一个健康的心态。你可以在内心制造出快乐与爱的思想，服下善良这一万能丹药，让善良永远流淌在你的血液中，这样一来，你想获得健康的体魄就变得容易多了。

请放弃嫉妒、怀疑、焦虑、憎恶的思想及自怨自艾的软弱表现，你就能摆脱疾病、疲劳的纠缠，你的神经就会得到很大的缓解。说到底，福从心得。

信念的力量

整理好你的思想，你才能整理好你的人生。你的心灵就像一艘航行在人生大海中的轮船，只要你能把平静的油倾倒在汹涌澎湃的情绪与偏见水面上，无论你受到多大的风浪威胁，这艘心灵的轮船都将安然无恙。同时，如果这艘轮船由快乐、执著的信念掌舵的话，那么，它永远都不会偏离正确的航线，并可顺利避开一切潜在的危险。

依靠信念的力量，你可以完成在别人眼里艰巨无比的工作。坚定对宇宙法则的信念，坚定努力完成工作的信念，这信念，是构筑你成功人生大厦的基石。

无论碰到什么样的情形，你都应该遵从内心至高无上的信念力量：永远真诚地对待内心的自我，依靠坚定的内在信念，勇往直前，实现你的追求；坚信你内心的正确思想，坚信你的努力一定会换来丰厚的回报；认识到宇宙法则是永恒存在的——你的信念越坚定，你就越能主宰自己的人生，越能收获丰硕的果实。

　　亲爱的读者，你应该努力获得这种无价的信念，因为它是获得幸福、平静、力量的妙法，它能让你的人生变得更加伟大，让你有超越一切苦难的勇气。在这样一种信念基石上构筑你的人生大厦，就等于为你的人生大厦奠定了坚固的地基，由此，你的人生将变得稳定而平顺。依靠华而不实的思想或转瞬即逝的金钱构筑起的人生大厦，则是羸弱的、不堪一击的。

　　无论你被卷入了人生中的悲伤深渊，还是被攀登上了快乐巅峰，你都要抱定自己的人生信念，把它作为你努力方向指引，并让自己的双脚稳稳地踏在信念那不朽且不可动摇的基石上。心中有了坚定信念的人，能够消除可对他造成一切危害的邪恶势力，而且还将获得以前甚至连做梦都不敢想象的成功。

　　如果你的人生有了坚定的信念，那么你的心就不会再被怀疑的阴云笼罩，借助信念的无限力量，你能够在人生的道路上心想事成。

　　社会中有许多有志之士，尽管他们看上去普普通通，但他们能够认识到这种信念的力量，并且能够日复一日地秉持心中的信念，勇于接受生命的考验，毫不迟疑地推翻悲伤与失望的大山，赶走精神疲惫与身体疼痛，最终，他们一定能拥有辉煌与安宁的人生。。

　　如果你能拥有这种坚定地信念，那么你就不必再为自己一时的成败而忧心忡忡了，因为假以时日，成功必定会来到你的身边。你也不必再为结果焦虑万分，因为你会清楚地认识到，正确的思想与持之以恒的努力，必定会带来正确的结果。因此，你将怀着一种轻松愉快的心情做埋头于自己的工作。

　　我认识一位女士，她过得很幸福，对自己的境况也感到心满意足。她的朋友见到她时也会不无羡慕地说："噢，你的运气实在是太好了！你总能心想事成！"

的确，表面上看起来就是这么回事。但实际上，这位女士在日常生活中，坚持不懈地朝着内在完美的目标而努力着，她的内心世界充满了幸福，而别人看到的她所享受的外在幸福，她内心的幸福感外溢的结果。

如果我们只把愿望揣在内心，结果只能是失望。生活告诉我们，愚者只有美好的愿望，没有辛勤的努力，他们最擅长的就是怨天尤人；智者不仅有美好的愿望，而且能够坚持不懈地努力，他们会在努力的过程中耐心地等待秋后的果实。

这位女士做到了一个智者应该做的。她尤其注重在内在精神上的努力。她有着坚定的信念，做事的时候充满了希望、欢乐与专注。这些美好的情操为她获取成功铺平了道路，她无时无刻不沐浴在生命的灵光之下。这种灵光照亮了她的眼睛，透过她的笑容显现出来，甚至于她举手投足间都充满了这种能让人感到幸福的灵光。

这位女士做到了的，你同样能够做到。你的成功、你的失败、你的影响力、你的整个人生乐章，实际上都是由你自己谱写出来的——你那种占支配地位的思想是决定你命运的关键性因素。献出你的爱心，培养你纯洁无瑕的思想，幸福就会来到你的身边，你的生活也充将满宁静与惬意。倘若你的心中充满了仇恨，并且装满了不纯洁、不幸福的思想，那么，不幸将像密集的雨点一样落在你的身上，你整日都会生活在惶恐不安中。

你的命运篇章由你书写

你的气场由自己打造，你是你命运的无条件创造者，无论你的一生是喜剧还是悲剧。你每时每刻都在产生力量，这种力量要么会帮助你获得人

生幸福，要么会连累你陷入贫穷苦楚之中。

即使你不是一个富人，但只要你能让自己这颗心变得越来越大度，越来越充满关爱、无私的力量，那么你在社会上的影响力及能够获取的成功也将更加伟大且持久；倘若你把自己那颗心拘禁于自私自利的狭小空间里，那么即使你是一个亿万富豪，你的影响力及你能获取的成功也是微不足道的，因为，你的气场由于心胸的狭小而孱弱。

你应该努力培养自己纯洁无私的精神，树立正确的坚定信念，专心致志地实现自己的远大目标。这样一来，你内在的潜能就可以被挖掘出来，你所收获的必是长期的健康及持久的成功。

如果你目前的处境不尽如人意，你的心思也没有放在本职工作上，那么你首先应该勤勤恳恳地做好本职工作，与此同时，你应该不断在心中为自己加油——更好的境况及更大的机会，都在不远处等着你。时刻保持一种积极的心态，以便在关键时刻，有所准备的你能把握住机会，依靠源于自己的积极心态的智慧与远见实现自己的远大理想。

机会随时都有，幸福一直在身边，只有积极的心态所营建的幸福气场才能抵住。**无论你肩负的使命是什么，你都应该把自己的全副精力放在它上面，尽力投入你所拥有的全部能量**。你每次圆满完成的小任务，都有助于你将来完成更大的使命。你要确信，自己只要不断努力，一定能到达成功的顶峰——这里蕴含着获得真正能量的秘诀。

通过不断实践，学会如何保护你宝贵的人生资源，并且，在任何时候都要把这种资源使用在你确定的目标上。因为愚者总是把他们的智力及精神能量耗费在无聊之事，喋喋不休的争论或为了个人利益的事情上。

遇事克制，幸福就不远了

气场有着威力无穷的力量，你要善用它，否则它也会带来不幸，而你一定要做到的就是克制。如果你想获得能够征服一切的力量，那你就必须学会沉着与忍耐，必须拥有坚定的立场。

我们生命中的一切力量都与坚定的意志与毫不动摇的信念息息相关。正如大自然界中巍峨的高山、巨大的山石、经过暴风雨洗礼的橡树都告诉了我们什么是力量，而且也让我们懂得了，它们依靠的正是自己独有的庄严与忍耐。而流沙和随风摇摆的芦苇，都在告诉我们，如果不能坚定自己的立场，生命只能是一场毫无光彩的表演。那些内心怀着坚定的信念，具有真正忍耐精神的人，即使离开了他们生活的群体，也能做到遇事果断镇定、泰然自若。

遇事能够成功克制自己情绪的人，才配得上指挥与管理职位；那些动不动就变得歇斯底里、畏畏缩缩的人，那些遇事脑中空白一片，既不会思考也不会做决定的人，只能在一个固定的群体中求得一片小小的生存空间，一旦脱离了自己熟悉的环境，他们就很可能会因为失去别人的支援而遭受惨败；那些遇事泰然自若毫不畏惧的人，即使身处荒无人烟的森林、沙漠或山涧，他们仍能依靠忍耐的力量与镇定的判断，令自己走出困境。

一个人流露出的情绪并不是他自身的能量，而是对自身能量的使用和消耗。有的时候，我们的情绪就像夏日的一场暴雨，说来就来，情绪暴雨会无情地击打我们内心像岩石般的信念，只有扛过情绪暴雨的击打，内心的信念才能自始至终毫不动摇。

人们都记得马丁·路德这位英雄。一次，他打算去沃姆斯，而他那些担惊受怕的朋友纷纷劝他为自己的安全着想，取消沃姆斯之行。马丁·路

德对他们说："哪怕沃姆斯那儿的恶棍，像房顶上的瓦片那么多，我还是要如期前往。"从马丁·路德的这句话中，我们看到了一个人内心的真正力量。

本杰明·狄斯雷利在议会发言时，遭到了台下许多与会人员的嘲弄。这时，他面无俱色地对嘲弄者大声道："总有一天，你们都会把能有机会听我讲话视为一种荣誉。"他坚定的话语中透露出他强大的内心力量。

我所认识的年轻人中，有这样一位：他历经挫折与不幸，时常遭到他人的嘲笑，就连他的亲朋好友都劝他不要再做什么努力了。可他却回答："现在距离你们羡慕我赢取好运气与成功的日子不远了。"这位年轻人的话也表明了，他的内心具有那种静寂却又不可轻视的力量，这种力量促使他在自己的人生道路上，勇于走过千难万险，直奔成功的桂冠。

如果你的内心还不具备这种能力，那么你可以通过不断实践来培养这种能力。当你开始拥有这种能力的时候，你也就拥有了智慧。以前的你，可能一直心甘情愿地把精力耗费在毫无意义的琐事上面，而现在，你必须全力以赴地摆脱这些无意义的琐事的纠缠。很多时候，吵闹、无节制的狂笑、造谣中伤、搬弄是非，等等，只是为了博得他人无聊的一笑。如果你想在心灵上获得真正的成长，那你就应该抛弃以上这些错误的言行，因为它们会耗费你宝贵的生命能量。

圣·保罗在研究人类发展史方面颇有建树，但他从来不会为了抬高自己的声誉而四处吹嘘。当有人劝他应该就自己的研究课题进行广泛宣传时，他说："无聊的谈论以及没有多大意义的自我宣传，并不会给一个人的进步带来好处。"事实上，谁若养成了自我吹嘘的习惯，谁的宝贵精力就会被无谓地耗费掉。

只要你能成功地使自己走出这类损耗自己生命能量的误区，你就能逐渐理解什么是真正的能力，接下来你才能使自己具备更切实、更美好的愿望与兴趣——这种愿望与兴趣可以让你用心专一，从而避免琐事带来的困扰，那么，你想获得进步便指日可待了。

首先，要确定专一的目标——一个合情合理且富有意义的追求，并且能不遗余力地努力实现它，在此期间，尽量让自己不要受到任何事情的干扰，要牢记"三心二意者最终必定一事无成"。

对学习充满了渴望，但是，忠实于自己的努力，遇事的时候不要急于寻求外界的帮助，全面且透彻地理解你的工作，并把自己的心思放在上面。做事的过程中，听从内心指导，如此，你将会从一个胜利走向另一个胜利，逐渐达到更高的境界，你将见到前所未有的广阔视野，人生最根本的美与追求也会在你的眼前一一出现。

如果你能长时间坚持自我净化，那么毫无疑问，你将拥有健康；如果你能长久地坚持自我约束，那么毫无疑问，你将拥有力量。你选定的事业将在你的努力下兴旺发达，因为你已不再是一个自我奴役、不思进取的人。你遵循了生存的法则，至善是你做人的准则，你必定会获得健康，成功会常伴你左右，你的个人能力及社会影响力将不断增强——这是支撑宇宙不可改变的原则所带来的其中部分好处。

纯洁的心灵、有条不紊的思维，是我们获得健康的秘诀；毫不动摇的信念、明智而坚定的追求，是我们赢得成功的秘诀；用坚定的意志做缰绳，牢牢套住欲望这匹脱缰的野马，是我们拥有幸福气场力量的秘诀。

1．如果你想永葆健康，那就必须学会不在无所谓的事情上耗费生命。焦急不安，情绪上的起伏不定，长时间为一些琐事担忧不已，都将使一个人感到身心俱疲。

2．如果你想摆脱身体上的一切痛苦，让自己的身体一直都保持健康，那么你首先需要拥有一个健康的心态。一个人流露出的情绪并不是他自身的能量，而是对自身能量的使用和消耗。

3．心中有了坚定信念的人，能够消除可对他造成一切危害的邪恶势力，而且还将获得以前甚至连做梦都不敢想象的成功。

4．愚者只有美好的愿望，没有辛勤的努力，他们最擅长的就是怨天尤人；智者不仅有美好的愿望，而且能够坚持不懈地努力，他们会在努力的过程中耐心地等待秋后的果实。

5．如果你目前的处境不尽如人意，你的心思也没有放在本职工作上，那么你首先应该勤勤恳恳地做好本职工作，与此同时，你应该不断在心中为自己加油——更好的境况及更大的机会，都在不远处等着你。

6．遇事能够成功克制自己情绪的人，才配得上指挥与管理职位。那些动不动就变得歇斯底里、畏畏缩缩的人，那些遇事脑中空白一片，既不会思考也不会做决定的人，只能在一个固定的群体中求得一片小小的生存空间。